Prospérité symbiotique

L'impératif de succès de la relation entre l'Afrique et l'Intelligence Artificielle

Préface de Souleymane Bachir Diagne

Alioune Badara Mbengue

PROSPÉRITÉ SYMBIOTIQUE

L'impératif de succès de la relation entre l'Afrique et l'Intelligence Artificielle

Préface de Souleymane Bachir Diagne

L'Harmattan Sénégal

10 VDN, Sicap Amitié 3, Lotissement Cité Police, DAKAR

http://www.senharmattan.com
direction@senharmattan.com
commandes@senharmattan.com

ISBN : 978-2-336-40861-3
EAN: 9782336408613

À mon épouse Cathy DIOUF,
Ton amour sincère, ta bienveillance inébranlable et ton intelligence rayonnante illuminent chaque instant de ma vie.

À mes parents Ramatoulaye Diagne et Babacar Mbengue, ainsi qu'à mes sœurs Seynabou et Fatou Kiné,
Votre amour inconditionnel et votre soutien constant m'aident à affronter les défis de la vie avec confiance et détermination. Je vous en suis infiniment reconnaissant.

À mes familles de l'Institution Notre Dame, et de l'Institut Supérieur de Management,
Notre amitié, forgée à travers le temps, transcende les frontières et les distances, et demeure un lien indéfectible qui nous unit, où que nous soyons à travers le monde.

À Mandiaye, Awa, Clément, Clive, Ray, Gorgui, Harouna, Marcel, Niang, Pape Alioune, Pierre, Saer, Vanjud,
La piraterie n'est jamais finie.

Préface

Voici un livre qui, sur une question parmi les plus importantes de notre temps, celle de l'intelligence artificielle, donne à entendre une voix à la fois singulière et collective.

Il s'agit d'une voix singulière. En effet celui qui dit « je » ici parle de sa propre trajectoire, partage avec ses lecteurs les expériences personnelles qui ont vu éclore chez lui un extraordinaire talent pour l'informatique, lequel doit davantage à sa passion et à son enthousiasme pour ce qu'il appelle « l'une des inventions les plus révolutionnaires de l'histoire de l'humanité » qu'à une formation scolaire dans ce domaine, sanctionnée par des diplômes. Qui l'ont conduit à se faire connaître d'abord comme le cocréateur de Mbal-IT, une poubelle intelligente conçue pour trier les déchets, et à devenir ainsi « père », à un âge très jeune, d'une invention internationalement saluée pour l'ingéniosité qu'elle manifeste et la réponse concrète qu'elle apporte au souci qui est – qui doit être- le nôtre aujourd'hui de savoir habiter notre terre en citoyens du monde éco-responsables.

Il s'agit en même temps d'une voix collective. Ce livre nous présente en effet le témoignage d'un représentant de la génération de ceux et celles qui sont nés avec « une identité digitale », pour reprendre une expression de l'auteur. Et qui se reconnaîtront dans ces pages qui les invitent à penser et à construire un avenir placé sous le signe d'une « prospérité symbiotique », entendons d'une relation mutuellement bénéfique entre l'intelligence artificielle et l'humain.

Que l'on ne s'y trompe pas ! Lorsqu'il explore l'avenir que promet l'Intelligence artificielle Alioune Badara Mbengue ne donne pas dans l'utopie. Si le moteur de sa réflexion est la passion, celle-ci est guidée, tenue en bride pour ainsi dire, par une grande rigueur analytique bien servie par une écriture dont la clarté et la précision ne sont pas les moindres qualités. Et surtout, sa passion pour l'informatique signifie avant tout pour lui le souci de se tenir constamment au courant des informations les plus récentes et les plus fiables dans un domaine où tout va non seulement très vite mais toujours de plus en plus vite.

Ainsi l'appel d'A. B. Mbengue à la maîtrise et à la réalisation de « la prospérité symbiotique » n'est pas ignorance des périls qui peuvent aussi s'attacher aux développements vertigineux que connaît l'Intelligence artificielle dont le symbole est aujourd'hui ChatGPT. L'auteur rappelle ainsi que le « parrain de l'intelligence artificielle » lui-même, Geoffrey Hinton, a démissionné de manière retentissante de Google en exprimant ses regrets devant les menaces que sa « créature » fait courir à l'emploi dans plusieurs domaines. Mais aussi à la vérité et au simple accord sur ce qui constitue un fait, lorsque ce qui est tenu pour réel est ce que fabrique digitalement l'Intelligence artificielle.

A.B. Mbengue est également pleinement conscient de la nécessité de bien mesurer l'impact que celle-ci peut avoir sur l'Afrique en termes de creusement des inégalités avec le Nord mais aussi au sein des nations du continent. Simplement, démontre-t-il, c'est avec la même lucidité qu'il faut aussi être conscient du potentiel que représente l'Intelligence artificielle pour les Africains lorsqu'il s'agit de transformer un retard certain pour ce qui est des technologies traditionnelles en l'avantage d'être un chantier encore vierge où établir les bases d'un avenir qui fera toute leur place aux nouvelles technologies de l'informatique et de l'intelligence artificielle. D'être surtout un chantier ouvert à la créativité et l'esprit d'innovation d'une jeunesse africaine qui sera une des ressources les plus importantes du monde de demain. Elle est du reste déjà à la tâche : ce livre en témoigne.

Pr. Souleymane Bachir DIAGNE

TABLE DES MATIÈRES

INTRODUCTION

“**g l a c e s**”, sans espaces, tout en minuscules - Un mot de passe faible, certes, mais un mot de passe, un sésame pour de nouveaux horizons. Voilà celui-là même, écrit sur un bout de papier, que mon père a utilisé pour créer ma première adresse e-mail et m'introduire dans le monde fascinant du numérique, dévoilant un univers de possibilités.

À cet instant précis, marquant la naissance de mon identité digitale derrière les écrans lumineux d'un cybercafé, je ne savais ni à quel point ce mot de passe que je pensais élaboré reflétait mon innocence infantile, ni à quel point ma vie allait être transformée par la puissance de l'innovation numérique.

En grandissant, je me suis aventuré de plus en plus profondément dans ce vaste océan numérique, naviguant entre les sites Web, les jeux en ligne et les forums, chaque découverte attisant davantage ma soif de connaissance. Et bien sûr, il serait malhonnête de ne pas admettre que mon intérêt grandissant pour la technologie m'a parfois amené à explorer les recoins les plus sombres, inavouables ou clandestins d'Internet. Non pas que je me sois transformé en un cybercriminel redoutable, mais disons plutôt que cette curiosité m'a offert une perspective plus large et un accès à des ressources et outils qui semblaient hors de portée pour un jeune Dakarois comme moi. Confronté aux limitations géographiques telles que l'absence d'accès aux moyens de paiement, les vitesses de connexion désastreuses, les coupures d'électricité abruptes, j'étais poussé à faire preuve de créativité pour profiter des biens et services qu'Internet offrait à mes amis virtuels d'autres parties du monde. Mon univers avait pris une nouvelle dimension, où les limites de l'espace et du temps semblaient s'estomper au fur et à mesure que je m'immergeais dans cette réalité virtuelle.

C'est là que ma mentalité de hacker est née, non pas celle d'un cybercriminel masqué à l'affût de ses prochaines victimes. Non, plutôt un individu astucieux et ingénieux qui, tel un explorateur audacieux, sait naviguer à travers les courants tumultueux de l'informatique, contourner les récifs du système, et exploiter les vents favorables des failles pour résoudre des problèmes et saisir des opportunités. Il le fait souvent dans un esprit d'ouverture, tout comme un véritable pirate navigue librement dans les mers, et avec un désir de partager ses trésors de connaissances.

Il est à noter que le pirate, dans son épopée épique, se lance souvent dans une quête d'un trésor qu'il n'est pas certain d'atteindre de son vivant. Pourtant, c'est précisément dans cette quête audacieuse et inlassable qu'il trouve sa véritable liberté. Cette soif d'exploration et de découverte qui habite le hacker, cette même quête du trésor insaisissable de la connaissance, dévoile la beauté du voyage plus que la destination elle-même.

Ainsi, comme le dit si bien Booba, "La piraterie n'est jamais finie". Elle se perpétue, à travers les vagues déferlantes de l'innovation et les marées de l'exploration, toujours à la recherche du prochain horizon. Voilà pourquoi, au fil des années, mon intérêt pour la technologie a grandi de manière exponentielle, à tel point que je passais des heures et des heures devant un écran. Mon enthousiasme pour l'innovation numérique était tel que mes parents ont dû me limiter dans mes temps d'écran, tant cela frôlait l'addiction. Éloigné de mon sanctuaire digital, je ressentais un vide immense. D'ailleurs, mes parents découvriront avec surprise en lisant ces lignes, qu'il m'arrivait parfois de ruser pour assouvir mon désir d'utiliser un ordinateur. Je prétextais souvent des recherches pour un exposé fictif, dont j'inventais moi-même la thématique la plus obscure et farfelue possible, espérant ainsi qu'ils me laisseraient devant l'écran. Je m'appliquais à donner vie à ces problématiques imaginaires, car je savais que mes parents pourraient me questionner à leur sujet à tout moment. Et bien que ces manigances aient pu sembler malicieuses à l'époque, elles ont finalement contribué à renforcer ma curiosité dans l'univers technologique. Cet éloignement forcé m'a permis de réaliser à quel point la technologie avait déjà tracé un chemin vers mon avenir professionnel et ne serait-ce que pour avoir la possibilité d'utiliser tous les jours un ordinateur, j'étais déjà très tôt convaincu que je voulais mener une carrière dans les technologies, précisément, à l'époque, dans l'électronique et les systèmes embarqués.

Quelques années plus tard, mon expérience au lycée a été pour le moins compliquée. Ma passion pour la science, bien que grandissante, ne se reflétait pas dans mes notes, ce qui m'a fait, d'abord redoubler ma seconde scientifique, puis, me retrouver en série littéraire. Chose qui, bien qu'elle semblât m'éloigner de mon rêve de poursuivre une carrière dans la technologie, m'a au contraire ouvert à de nouvelles perspectives. En effet, les humanités sont fascinantes car au-delà d'éveiller notre sensibilité artistique elles nous permettent de mieux comprendre le monde qui nous entoure, de développer notre esprit critique et créatif, ainsi que notre capacité à communiquer et à interagir avec les autres. Cela a façonné ma compréhension et mon prisme d'analyse des enjeux sociaux, culturels et éthiques liés à ma passion des machines.

Cependant, j'ai réalisé que cela ne suffit pas, vu la manière dont fonctionne notre système éducatif, pour poursuivre une carrière dans la technologie, je devais trouver d'autres chemins pour atteindre mes objectifs. Je restais néanmoins convaincu que mon amour pour la création, la résolution de problèmes complexes, les idées futuristes et le bricolage d'objets me conduirait vers l'informatique et l'innovation numérique.

En dépit de l'absence de diplômes ou de certificats sanctionnant les compétences acquises durant ces longues heures passées à créer des sites internet et à se tenir au fait de toutes les dernières avancées de la technologie, je ne pouvais pas accepter que tout cela soit en vain. J'étais déterminé à prouver que cette expérience virtuelle voire parallèle valait tout autant que les diplômes traditionnels, voire davantage. Je m'efforçais donc de trouver des moyens pour faire reconnaître et valoriser ces compétences atypiques dans un monde qui commençait à peine à accepter les parcours non conventionnels.

En 2015, j'ai rencontré Mandiaye, ce qui m'a conforté dans cette position. C'était un créatif comme je n'en avais jamais rencontré auparavant. Nous partagions la même passion pour la technologie et étions constamment émerveillés par ce qu'elle pouvait promettre. Nous pensions que les seules limites à l'innovation étaient la créativité, qui, elle-même, était infinie. Nous avions soif de défis et n'avons jamais hésité à explorer les limites de notre créativité.

Notre rencontre illustre bien nos rapports respectifs avec le monde digital. Par je ne sais plus quel hasard, je m'étais retrouvé durant mes divagations virtuelles dans un groupe de passionnés de Manga nommé Galsen Anime Addicts. Mandiaye possède une culture générale étendue qui lui permet de discuter de littérature, de culture, d'histoire, de science, de psychologie, de voyages, de sports et d'actualités. Il est également un esprit libre et indépendant, pensant par lui-même et évitant les pièges du conformisme intellectuel.

C'est la première fois que quelqu'un m'intriguait autant. Nous avons réalisé que nous avions beaucoup à apprendre l'un de l'autre et à partager. Ce fut le début d'une amitié solide et durable.

En effet, cette rencontre a marqué le début d'une aventure passionnante où nous avons nourri notre intérêt pour l'innovation numérique en explorant les opportunités qui s'offraient à nous. La première fut un concours nommé Jéemacoder, signifiant "Apprends à coder", un hackathon organisé par Volkeno, une entreprise sénégalaise dirigée par Abdou Khadre Diallo qui se trouvait être le grand frère d'un de mes camarades de classe. Nous nous sommes inscrits à ce hackathon sans savoir réellement ni ce que c'était ni à quoi nous attendre.

Un hackathon est un événement collaboratif intense et limité dans le temps, où des développeurs, designers, entrepreneurs et autres passionnés de la technologie se réunissent pour créer, concevoir et développer des solutions innovantes et fonctionnelles en réponse à des défis spécifiques. Les participants forment des équipes et travaillent ensemble pour résoudre des problèmes, généralement en 24 à 72 heures. À la fin de l'événement, les équipes présentent leurs projets à un jury qui évalue les solutions proposées en fonction de leur créativité, de leur faisabilité et de leur potentiel d'impact.

Une fois sur place, nous nous sommes retrouvés entourés de développeurs professionnels, nous étions un groupe de lycéens qui a vite compris que notre seule chance de ne pas nous ridiculiser était de miser sur la créativité. C'est ainsi que nous avons prototypé une application numérique enseignant les bases de la programmation aux enfants, ce qui nous a permis de sortir vainqueurs de cette compétition. Ce premier succès nous a donné un élan de confiance presque démesuré, et nous étions naïvement convaincus de pouvoir remporter n'importe quelle compétition d'innovation numérique.

Pour nous, jeunes Sénégalais, les hackathons représentaient l'une des rares opportunités d'exprimer notre créativité digitale en dehors des canaux académiques ou professionnels traditionnels. Les hackathons offrent un espace d'exploration et d'expérimentation où nous pouvions nous immerger dans l'univers numérique, mettre en pratique nos compétences et apprendre de nos pairs. C'était une chance inestimable de se confronter à des défis réels, de proposer des solutions innovantes et de développer notre confiance en nos capacités.

En outre, les hackathons nous permettaient de tisser des liens avec des personnes partageant les mêmes centres d'intérêt, d'apprendre de professionnels expérimentés et d'élargir notre réseau. Ils nous ont ouvert des portes vers de nouvelles opportunités et nous ont aidés à forger notre chemin dans le monde de l'innovation numérique, malgré les obstacles auxquels nous étions confrontés.

Forts de cette confiance, je me suis mis à la recherche de hackathons auxquels participer. C'est ainsi que j'ai inscrit notre duo à un hackathon organisé par l'OIF et Jokkolabs, appelé les 55H de la Francophonie. Quelques temps après notre inscription, l'adrénaline est retombée, et nous avions repris nos vies jusqu'au jour où j'ai reçu un appel pour passer l'entretien de présélection. J'avais oublié de quoi il s'agissait réellement, mais notre soif de compétition nous a poussé à y aller.

Avant de me rendre à Jokkolabs pour l'entretien, j'ai fait des recherches sur Karim Sy et j'ai découvert qu'il était un “Serial entrepreneur”, un entrepreneur infatigable qui avait fondé sa première start-up à l'âge de 19 ans. Il était également le catalyseur principal de cette initiative à but non lucratif nommée Jokkolabs, créée depuis 2010 qui est un écosystème nouvelle génération de l’innovation ouverte ayant pour but d’impulser et accompagner une dynamique de bien commun. Ainsi, Karim Sy avait collaboré avec plusieurs organisations internationales et avait été élu Ashoka Fellow en 2012.

Ma motivation à y aller a doublé car le parcours, la passion de Karim Sy pour l'innovation et son désir de remettre en question le statu quo m'ont profondément inspiré. Rencontrer quelqu'un comme lui, qui avait réussi à concrétiser ses rêves et à impacter le monde positivement, était pour moi une source de motivation et de détermination à poursuivre mes propres ambitions dans le domaine de l'innovation numérique.

Dès notre arrivée, il nous a demandé, d'un air surpris, quel âge nous avions. Comme tout mineur habitué d'Internet, j'ai hésité entre dire dix-huit ans par réflexe ou donner mon véritable âge. Finalement, nous avons opté pour la vérité, et l'entretien s'est transformé en une discussion incroyable.

Une fois l'entretien terminé, on nous a informés, Mandiaye et moi, que l'âge minimum requis pour participer était de dix-huit ans. Cependant, Karim Sy a décidé de nous donner une chance et de nous laisser participer à condition que nous réunissions une équipe de cinq membres, ce que nous nous sommes empressés de faire pour le lendemain.

Jusqu'à ce jour, j'ai une profonde gratitude envers Karim pour avoir cru en nous et pour nous avoir donné cette opportunité inestimable. Cette expérience a non seulement renforcé notre passion pour l'innovation numérique, mais nous a également montré que la générosité et la bienveillance d'un mentor peuvent changer la vie de jeunes passionnés. Grâce à lui, nous continuons à nous surpasser et à repousser les limites de notre créativité.

En effet, malgré le délai très court, nous avons réussi à former une équipe aussi diverse que créative pour participer à ce Hackathon. Le thème de l'événement était "L'innovation numérique au service de l'environnement", et notre défi consistait à trouver une solution numérique pour la gestion des déchets au Sénégal.

Pleins d'enthousiasme et d'idées, nous nous sommes lancés dans ce Hackathon, déterminés à proposer une solution innovante et durable. Nous avons passé de longues heures à brainstormer, à discuter de différentes approches et à explorer les possibilités offertes par la technologie pour répondre à ce problème crucial. Finalement, après des jours d'efforts acharnés, nous avons élaboré un concept prometteur qui combinait l'utilisation des technologies numériques avec une approche communautaire pour améliorer la gestion des déchets au Sénégal.

Notre projet a été bien accueilli par les juges et les autres participants, et nous avons été fiers de sortir vainqueurs de la compétition. Cette expérience nous a non seulement permis de développer nos compétences en matière d'innovation numérique, mais aussi de prendre conscience de l'impact que nous pouvions avoir sur notre environnement et notre société en mettant à profit notre créativité et notre passion pour la technologie.

C'est ainsi que nous avons lancé notre première invention numérique : Mbal-IT, une poubelle intelligente capable de trier sélectivement les déchets. Ce projet a renforcé notre conviction que nous sommes capables de réaliser de grandes choses dans le monde de l'innovation numérique, et nous avons continué à chercher de nouvelles façons de repousser les limites de notre créativité.

Ainsi naissait Mbal-IT, notre poubelle intelligente. Pour concevoir cette invention, nous avons utilisé une méthode de Design thinking afin d'identifier les causes du problème de gestion des déchets. Nous avons constaté que le problème majeur résidait dans l'absence de tri sélectif, ce qui entraînait la combustion ou l'entassement des déchets dans des décharges. Notre objectif était de proposer une solution qui inculquerait la notion de tri à des populations souvent peu sensibilisées à cette problématique. C'est ainsi que nous avons eu l'idée de créer une poubelle parlante, qui expliquerait littéralement comment fonctionne le tri sélectif.

Quelques années auparavant, j'avais lu "Les Machines apprivoisées : Comprendre les robots de loisir", un livre fascinant de Frédéric Kaplan. Ce livre m'avait profondément marqué et influencé dans ma manière d'aborder la technologie et nos rapports avec elle. En découvrant l'univers des robots de loisir et les recherches menées pour les doter de capacités d'apprentissage autonomes, j'étais devenu encore plus passionné par l'innovation et les possibilités offertes par ces machines.

Mbal-IT représentait ainsi une première interaction réelle avec une forme d'intelligence artificielle, ou en tout cas en apparence. Nous avons même ajouté des fonctionnalités réalistes, telles qu'une voix et des yeux humanoïdes, pour renforcer cette impression. Cette invention avait le potentiel de révolutionner la gestion des déchets au Sénégal, et je voyais en elle la possibilité de transformer l'industrie de la gestion des déchets en Afrique ainsi que de résoudre divers autres défis sur le continent. L'expérience de la création de Mbal-IT a renforcé mon enthousiasme pour la technologie et son potentiel d'impact sur notre monde.

Ce premier succès a profondément changé ma vie. Il a été suivi de nombreuses distinctions en Afrique et dans le monde, telles que le SpaceApps Challenge de la NASA, le Falling Walls Lab, Hub Africa, etc. Nous permettant de voyager et de rencontrer d'autres esprits créatifs partageant notre passion pour l'innovation numérique. Cela m'a permis de découvrir les possibilités infinies qu'offre la technologie pour résoudre les problèmes auxquels les gens sont confrontés au quotidien. J'ai réalisé que nous pouvons tous jouer un rôle dans cette transformation, en apportant nos compétences et notre créativité pour développer des solutions qui améliorent la vie des gens.

Suite à cette expérience enrichissante avec Mbal-IT, mon intérêt pour les approches innovantes s'est intensifié, en particulier en ce qui concerne le Design Thinking. Le Design Thinking est une méthodologie créative et centrée sur l'utilisateur, qui vise à résoudre des problèmes complexes en adoptant une approche empathique et collaborative. Cette méthode implique l'identification des besoins et des défis, l'idéation et la génération de solutions, la création de prototypes et enfin, le test et l'amélioration des solutions proposées.

J'ai réalisé que le Design Thinking offrait une voie prometteuse pour concevoir des solutions réellement adaptées aux besoins des utilisateurs et pouvant avoir un impact durable sur la société. Plutôt que de me concentrer uniquement sur la technique, je me suis engagé à approfondir ma compréhension des principes du Design Thinking et à explorer comment cette approche pouvait être appliquée à divers domaines.

En m'intéressant davantage au Design Thinking, j'ai développé une vision plus large de l'innovation, qui englobe non seulement la technologie, mais également la compréhension des besoins humains, la collaboration et l'adaptabilité. Cette évolution de ma perspective m'a permis de mieux appréhender les défis auxquels sont confrontées les communautés et les entreprises, et de concevoir des solutions qui tiennent compte de la complexité et de l'interconnectivité des problèmes du monde réel. En fin de compte, cette nouvelle approche m'a conduit à m'engager plus profondément dans la recherche de l'innovation responsable et durable, en mettant l'accent sur l'amélioration de la qualité de vie et la résolution des problèmes sociétaux.

C’est ainsi qu’en 2016, durant notre phase de recherche et développement, notre parcours nous a conduits à une formation de Design Thinking accompagnée par Carole Maurage, présidente de My Need My Solution et experte en Human Centered Design, à l'Euro Meeting de Nantes en France. Cette expérience a été déterminante pour notre développement personnel et professionnel, en renforçant notre intérêt pour les questions d'innovation et en élargissant notre vision.

La session, axée sur la méthodologie du Design Thinking et l'approche centrée sur l'humain, a permis de mettre en évidence l'importance de la collaboration entre les disciplines des sciences humaines et sociales et celles de la technologie. L'interaction avec Carole Maurage nous a offert de nouvelles perspectives et nous a aidés, à comprendre comment les principes du Design Thinking pouvaient être appliqués pour créer des solutions technologiques innovantes et durables.

Cet atelier a également renforcé notre conviction que l'innovation réussie doit aller au-delà de la simple maîtrise des compétences techniques. Il est crucial de prendre en compte les aspects humains et sociaux pour concevoir des solutions qui répondent réellement aux besoins des utilisateurs et améliorent leur qualité de vie.

Cette immersion a été un tournant dans mon parcours, m’encourageant à approfondir ma connaissance des sciences humaines et sociales, et à les intégrer dans nos processus d'innovation. En combinant ces disciplines avec les compétences techniques, j’ai pu développer une approche plus holistique et empathique de l'innovation, ce qui m’a permis de créer des solutions plus pertinentes et adaptées aux besoins réels des personnes.

Un exemple de cette approche est Abdu, un chatbot que j'ai développé et déployé sur WhatsApp pour fournir en temps réel des informations sur la Covid-19 au Sénégal. Un chatbot, en termes simples, est un programme informatique conçu pour simuler une conversation avec des utilisateurs humains, généralement via des applications de messagerie ou des sites web. Il fonctionne grâce à l'intelligence artificielle et des règles préétablies pour comprendre et répondre aux questions ou requêtes des utilisateurs. Les chatbots sont souvent utilisés pour fournir un service client automatisé, répondre à des questions fréquentes ou aider les utilisateurs à effectuer certaines tâches en ligne. Ce chatbot a échangé pas moins de 120.000 messages en seulement deux jours. J'ai par la suite déployé ce système pour la République de Djibouti, en étroite collaboration avec les autorités locales. Ce qui témoigne de la capacité de l'innovation digitale à utiliser les avancées technologiques pour résoudre des problèmes concrets et améliorer la vie des populations.

Durant cette même période, après avoir obtenu mon diplôme d'études secondaires avec la mention Bien, j'étais éligible pour la bourse d'excellence ISM et j'ai décidé de me lancer dans un nouveau voyage là-bas. En tant que leader et pionnier de l'enseignement supérieur en Afrique de l'Ouest depuis plus de 30 ans, le Groupe ISM a une réputation d'excellence. Malgré mes aprioris sur le système éducatif et quelques réserves, j'ai trouvé que l'ISM était agréablement différent de tout autre établissement d'enseignement que je connaissais. Les gens, l'environnement d'apprentissage et l'approche de l'éducation à l'ISM en font un établissement vraiment différent des autres.

Après quelques semaines de cours, j'ai rencontré monsieur Amadou Diaw, le fondateur de l'Institut Supérieur de Management. Un jour, il est venu à l'amphithéâtre et a demandé à des étudiants pris au hasard, de se présenter. Je l'ai fait en mentionnant les projets sur lesquels je travaillais et il a semblé profondément intéressé par ce que j'avais à dire. J'ai été assez interloqué par son attention et j'ai été encore plus surpris lorsque, quelques jours plus tard, j'ai appris qu'il m'avait invité à un atelier qu'il organisait au Maroc. Là-bas, j'ai eu l'opportunité de rencontrer et de partager des moments incroyables avec des personnes extraordinaires avec qui je collabore toujours et dont on aura l'occasion de reparler dans un des chapitres de ce livre.

Monsieur Diaw a su insuffler à l'ISM son esprit d'innovation. Comme il le dit, " Notre position de pionnier nous oblige à considérer l'innovation comme un facteur essentiel de notre histoire. Cette innovation est dans notre ADN. C'est totalement obligatoire car, à chaque fois, nous ouvrons une voie."

Mon parcours à l'ISM a ainsi été une expérience transformatrice, tournant autour de la vision inspirante d'Amadou Diaw d'une université africaine qui apprend de sa jeunesse. L'université m'a offert un environnement qui m'a vraiment permis d'exprimer ma créativité et de libérer mon esprit d'entreprise. À l'ISM, j'ai découvert le pouvoir de la collaboration, la pensée critique et les compétences en résolution de problèmes qui sont devenues la pierre angulaire de ma vie professionnelle. Je me suis senti inspiré par l'engagement de l'institution à favoriser l'innovation et à former la prochaine génération de dirigeants africains. Cette atmosphère stimulante s'étendait à de nombreux, voire à tous les étudiants qui ont rejoint les rangs de l'ISM. D'ailleurs, la longue liste d'entrepreneurs à succès à travers le monde étant alumnis de l'établissement en est l'illustration patente ainsi que la matérialisation de notre credo "Aujourd'hui ISM, demain le monde".

Ainsi, j'ai obtenu ma licence au sein de la promotion Rose Dieng-Kuntz. Première femme africaine à intégrer l'École Polytechnique, cette scientifique sénégalaise emblématique était une pionnière de l'intelligence artificielle et du web sémantique.[1]

Poursuivant mon parcours académique, j'ai eu la chance de faire mon MBA au sein de la promotion portant le nom du Professeur Souleymane Bachir Diagne. Ce philosophe sénégalais de renom, Professeur à l'université Columbia, Spécialiste spécialiste de l'histoire des sciences et de la philosophie islamique, a très certainement, renforcé mon amour pour les humanités et la philosophie.

Ces deux figures, condisciples au Lycée Vanvolonoven, actuel Lycée Lamine Gueye, réunissent mes passions pour les sciences, l'intelligence artificielle et les humanités.

Aujourd'hui, cinq ans après avoir rejoint l'ISM pour la première fois, je me retrouve à y enseigner, déterminé à transmettre les mêmes valeurs et idéaux qui ont façonné mon parcours. Cette évolution naturelle de mon parcours professionnel est le résultat de mon amour pour l'innovation et l'éducation, ainsi que de la conviction que nos écoles et universités se doivent d'inspirer et former la génération de

---

[1] Le Web sémantique, ou toile sémantique, est une extension du Web standardisée par le World Wide Web Consortium. Ces standards encouragent l'utilisation de formats de données et de protocoles d'échange normés sur le Web, en s'appuyant sur le modèle Resource Description Framework

jeunes africains qui transformeront le continent grâce à leur créativité, leur détermination et leur esprit d'entreprise.

C'est un grand honneur et une grande responsabilité de faire partie de cette révolution éducative, contribuant à façonner l'esprit des jeunes qui deviendront sans aucun doute les pionniers de demain. Je m'efforce de redonner à l'institution qui m'a tant donné en responsabilisant, motivant et inspirant les étudiants qui franchissent ses portes, tout comme j'ai été inspiré autrefois.

Parallèlement, j'accompagne dans leur processus d'innovation et de transformation digitale des entreprises et des organisations de différentes tailles et évoluant dans des secteurs divers. Mon approche repose sur l'application des principes du Design Thinking et de l'Human Centered Design pour concevoir des solutions qui répondent aux besoins réels des utilisateurs et améliorent leur expérience.

Grâce à cette démarche, j'aide mes clients à identifier et résoudre les problèmes qui entravent leur croissance, à optimiser leurs processus et à développer de nouvelles offres de produits et services. Mon objectif est de les guider dans la mise en place de stratégies d'innovation numérique qui leur permettent de rester compétitifs et pertinents dans un monde en constante évolution.

C'est dans ce contexte que j'ai rejoint Karim Sy et l'aventure Jokkolabs en tant que Lead Innovation Officer. Mon rôle chez Jokkolabs consiste à impulser et accompagner l'innovation au sein de l'écosystème, en veillant à la cohérence et la pertinence des initiatives déployées. Ensemble, nous avons pour mission de soutenir la croissance inclusive et durable, en mettant l'accent sur les solutions technologiques et les partenariats stratégiques qui favorisent le développement économique et social à l'échelle locale, régionale et internationale.

Cette transition a été un choix judicieux pour moi, car elle me permet de combiner ma passion pour la technologie et mon intérêt pour les sciences humaines et sociales. En mettant l'accent sur la compréhension des besoins des utilisateurs et en adoptant une approche centrée sur l'humain, je suis en mesure de créer des solutions numériques innovantes qui ont un impact positif sur la vie des gens et contribuent à la réalisation d'une vision plus globale et stratégique pour un avenir meilleur.

Ce sont toutes ces expériences dans l'innovation digitale en Afrique et l'évolution des machines que j'ai pu observer qui m'ont incité aujourd'hui à rédiger cet ouvrage. Cette relation que j'ai eue avec les machines ne sera plus réservée à nous, les geeks[2], mais s'élargira à tout le monde, y compris vous qui lisez ces lignes. En réalité, ce mouvement a d'ailleurs déjà commencé. L'intelligence artificielle et les innovations numériques touchent déjà nos vies de diverses manières, et cette tendance ne fera que s'accélérer. À ce jour, seul 34% des utilisateurs réalisent qu'ils utilisent l'IA, selon une étude publiée par Pegasystems Inc, alors qu'il est avéré que 84%[3] d'entre eux utilisent effectivement un ou plusieurs appareils ou services alimentés par l'IA.

Que vous en fassiez déjà partie ou pas, il est essentiel pour chacun d'entre nous de comprendre ces changements et de

---

[2] Personne passionnée par les nouveautés techniques, et particulièrement par l'informatique, l'internet, les jeux vidéo.

[3]https://www.pega.com/about/news/press-releases/new-research-reveals-deep-confusion-about-artificial-intelligence

s'y adapter, car ils auront un impact profond sur notre quotidien et notre avenir. Il est essentiel de comprendre que nous sommes à la veille d'une révolution sans précédent dans le domaine de l'innovation numérique, voire dans l'histoire de l'humanité.

Cette révolution va bouleverser radicalement notre façon de vivre, de travailler et d'interagir, et remettra en question de nombreux principes fondamentaux dans les domaines technique, économique et existentiel. Le choc sera tel que rien ne sera plus jamais pareil, peu importe le rapport que vous pensez entretenir avec la technologie.

Mais alors de quoi s'agit-il réellement et qu'est-ce qui fait que cette technologie suscite autant de préoccupations? N'est-ce pas juste une invention de l'homme telle que l'ordinateur ou la calculatrice qui doivent se contenter d'exécuter les commandes qui leurs sont imputées ?

En réalité, l'intelligence artificielle (IA) est un domaine de recherche et de technologie qui vise à créer des machines ou des logiciels capables d'imiter et d'effectuer des tâches généralement réalisées par l'intelligence humaine, telles que la résolution de problèmes, l'apprentissage, la perception, la compréhension du langage et la prise de décision.

En d'autres termes, l'IA cherche à développer des systèmes qui peuvent "penser" et agir de manière autonome, en s'appuyant sur des algorithmes et des techniques d'analyse de données pour améliorer leurs performances au fil du temps.

L'intelligence artificielle (IA) est sans aucun doute l'une des inventions les plus révolutionnaires de l'histoire humaine.

Contrairement à d'autres inventions qui améliorent et facilitent notre vie quotidienne, l'IA se distingue par sa capacité à imiter et surpasser l'intelligence humaine dans divers domaines. Les attributs qui rendent l'IA incomparable aux inventions précédentes incluent sa capacité d'apprentissage autonome, sa flexibilité et son évolutivité.

Grâce aux algorithmes d'apprentissage automatique, l'IA est capable d'acquérir de nouvelles compétences et connaissances sans intervention humaine directe, ce qui lui permet de s'adapter à des situations inédites et de résoudre des problèmes complexes.

L'illustration parfaite de cette vitesse d'évolution déconcertante est la différence de niveau entre GPT-4 et son prédécesseur GPT-3, deux modèles d'intelligence artificielle développés par OpenAI. GPT-3, acronyme de Generative Pre-trained Transformer 3, est un modèle de langage préentraîné sur de vastes ensembles de données, capable de générer du texte de manière contextuellement pertinente et de répondre aux questions avec une certaine précision. GPT-4, quant à lui, est une version améliorée qui a profité de l'expérience et des développements de GPT-3, en ayant une capacité de traitement de l'information et de génération de texte encore plus poussée.

Bien que certains sceptiques voient ces modèles comme de simples logiciels sans réelle intelligence, leurs performances lors d'examens tels que le barreau et le SAT prouvent le contraire. GPT-3 avait déjà obtenu des scores remarquables lors de ces évaluations, mais GPT-4 les a surpassés, se rapprochant davantage des scores des meilleurs humains dans ces disciplines respectives. GPT-4 a atteint le 88e centile lors des LSAT (examen d'entrée en faculté de droit) et a encore mieux réussi lors de l'examen du barreau, avec un score dans le 90e centile, dépassant ainsi 90% des esprits humains les plus brillants dans ce domaine. À titre de comparaison, GPT-3 se situait dans les 40% inférieurs pour les LSAT et 10% pour l'examen du barreau.

OpenAI soutient que les évaluations effectuées par son nouveau modèle linguistique étaient les mêmes que celles auxquelles les humains sont confrontés à des niveaux académiques équivalents. La société affirme également qu'aucun entraînement spécifique n'a été réalisé sur ces tests. « Une minorité des problèmes inclus dans les tests a été rencontrée par le modèle lors de l'entraînement. Pour chaque test, nous avons effectué une variante en retirant ces questions et nous avons retenu le score le plus bas des deux. Nous estimons que les résultats sont représentatifs », déclare la startup.

L'essor fulgurant des technologies d'intelligence artificielle, incarné par les avancées spectaculaires de modèles tels que GPT-4, démontre que la vitesse d'évolution de l'IA est véritablement effrayante.

Pour la première fois, l'humanité a créé un outil capable non seulement de rivaliser, mais aussi de surpasser les compétences humaines dans de nombreux domaines.

Cette transformation radicale de notre monde, orchestrée par l'intelligence artificielle, n'est qu'un aperçu de ce qui nous attend dans un futur proche, et les conséquences potentielles de cette révolution technologique sont à la fois impressionnantes et inquiétantes.

Ainsi, des questions qui pouvaient sembler utopiques il y a quelques années sont aujourd'hui au sommet des préoccupations en raison du développement accéléré de cette technologie.

Parmi ces préoccupations, on peut citer :

- L'IA gouvernant nos sociétés en remplaçant les gouvernements humains.
- La fusion de l'homme et de l'IA, où les humains pourraient augmenter leurs capacités grâce à des interfaces cerveau-machine.
- La création d'une utopie post-travail où les humains n'auraient plus besoin de travailler, l'IA prenant en charge toutes les tâches.
- Les IA développant leur propre éthique, distincte de celle des humains, et impactant nos systèmes de valeurs.
- L'IA ayant un impact majeur sur des problèmes mondiaux tels que la pauvreté, la faim et le changement climatique en proposant des solutions innovantes.

Durant l'écriture de ce livre, j'apprends que Geoffrey Hinton, surnommé le "Parrain de l'Intelligence Artificielle" âgé de 75 ans, a annoncé sa démission de Google dans une déclaration au New York Times, exprimant des regrets concernant son travail en temps que chef de département IA chez le champion américain. Il a confié au journal que certains dangers des chatbots IA étaient "assez effrayants".[4]

"Pour l'instant, ils ne sont pas plus intelligents que nous, du moins d'après ce que je peux voir. Mais je pense qu'ils pourraient bientôt l'être."

---

[4] https://www.nytimes.com/2023/05/01/technology/ai-google-chatbot-engineer-quits-hinton.html #:~:text=Dr.%20Hinton%20said%20he%20has,now%20regrets%20his%20life's%20work.

Ces perspectives soulignent l'importance d'aborder l'avenir de notre relation avec les machines avec prudence et réflexion, car les conséquences de leur développement rapide pourraient être bien plus importantes que ce que nous pouvons imaginer aujourd'hui.

Pour comprendre l'idée centrale de ce livre, nous devons d'abord définir le concept de "prospérité symbiotique".

La prospérité symbiotique fait référence à une relation mutuellement bénéfique entre les humains et l'intelligence artificielle, où les deux parties travaillent ensemble pour atteindre des objectifs communs et stimuler le progrès. Dans ce contexte, cela signifie la coexistence harmonieuse de l'intelligence humaine et de l'IA, garantissant que les deux entités se complètent et renforcent les capacités de chacun, plutôt que de rivaliser ou de se détruire mutuellement.

Dans le domaine de la prospérité symbiotique, les humains et les machines collaborent pour relever les défis mondiaux urgents, stimuler l'innovation et créer une croissance économique durable. En adoptant cette philosophie, nous pouvons libérer le plein potentiel de l'IA, tout en protégeant les valeurs humaines et en veillant à ce que la technologie serve le bien commun. La clé pour parvenir à une prospérité symbiotique réside dans la création d'un environnement qui encourage le dialogue ouvert, la coopération et l'apprentissage partagé entre les humains et l'intelligence artificielle. Cette approche nous permettra de naviguer dans les complexités de l'ère numérique et de construire un avenir plus lumineux et plus équitable pour tous.

Bien que nous, Africains, semblions être les moins intéressés ou concernés par ces avancées technologiques, il est fort possible que notre continent soit le premier interpellé par les enjeux et qu'il soit le plus menacé en conséquence. Cela est dû à plusieurs facteurs interconnectés.

D'une part, nous avons les facteurs à risques :

Tout d'abord, de nombreux pays africains ont des infrastructures numériques et technologiques limitées, ainsi que des ressources financières et humaines insuffisantes pour investir dans le développement et la régulation de l'IA. Cette situation peut entraîner une adoption inégale et potentiellement irréfléchie des technologies d'IA, qui risque d'exacerber les inégalités existantes et de créer de nouveaux défis pour les populations du continent.

Ensuite, l'Afrique est souvent dépendante des technologies développées et produites à l'étranger, en particulier dans les pays développés. Cette dépendance technologique peut rendre le continent plus vulnérable aux risques de l'IA. Les technologies importées pourraient ne pas être adaptées aux contextes locaux ou être exploitées pour servir les intérêts étrangers plutôt que le bien-être des populations africaines. Cela souligne la nécessité de promouvoir la recherche et l'innovation locales pour développer des technologies d'IA adaptées aux besoins spécifiques de l'Afrique.

De plus, l'Afrique présente des inégalités socio-économiques considérables, tant entre les pays qu'au sein des pays. Les technologies d'IA ont le potentiel d'aggraver ces inégalités si elles sont utilisées pour automatiser des emplois et des industries sans tenir compte de leur impact sur les travailleurs et les communautés. Cela pourrait entraîner un chômage accru et une polarisation des revenus, exacerbant les tensions sociales et économiques.

Par ailleurs, la sensibilisation et l'éducation sur l'IA sont relativement faibles en Afrique, ce qui rend difficile pour les citoyens, les décideurs politiques et les entreprises de comprendre et d'aborder les risques et les opportunités liés à l'IA. Il est donc essentiel d'améliorer l'accès à l'éducation et à la formation en matière d'IA pour permettre à tous les acteurs de la société de prendre des décisions éclairées sur l'adoption et l'utilisation responsables de l'IA.

Enfin, l'Afrique est particulièrement vulnérable aux effets du changement climatique et aux problèmes environnementaux, qui pourraient être exacerbés par l'adoption non durable de l'IA. Les technologies d'IA sont souvent très énergivores, ce qui peut contribuer à la dégradation de l'environnement et aux émissions de gaz à effet de serre. Il est donc crucial de veiller à ce que l'adoption de l'IA en Afrique soit réalisée de manière durable et respectueuse de l'environnement.

Malgré toutes ces données, qui semblent être des handicaps, l'Afrique est particulièrement apte à bénéficier de l'intelligence artificielle pour diverses raisons qui s'articulent autour de plusieurs aspects clés que nous allons étudier.

Tout d'abord, l'Afrique possède une population jeune, dynamique et en croissance rapide, ce qui offre un vivier de talents et d'énergie prêts à embrasser les nouvelles technologies. Cette jeunesse africaine est avide d'apprendre et de s'adapter rapidement aux évolutions technologiques, ce qui permet de créer un écosystème propice à l'adoption et au développement de l'IA sur le continent.

De plus, l'Afrique a l'opportunité de tirer parti de sa position de "retardataire" dans le développement technologique. Cette situation lui permet de sauter certaines étapes et d'adopter directement des technologies plus avancées sans avoir à investir massivement dans des infrastructures obsolètes. Ainsi, l'Afrique peut tirer parti des leçons apprises ailleurs dans le monde pour optimiser l'implémentation de l'IA et éviter les erreurs commises par d'autres régions.

En outre, l'Afrique est confrontée à des défis uniques en termes de développement économique, social et environnemental. L'IA offre une occasion sans précédent de résoudre ces problèmes de manière innovante et efficiente. Par exemple, l'IA peut contribuer à améliorer la productivité agricole, à optimiser la gestion des ressources naturelles, à faciliter l'accès à des services de santé et d'éducation de qualité, ou encore à promouvoir l'inclusion financière.

Enfin, l'adoption et le développement de l'IA en Afrique peuvent également contribuer à stimuler la création d'emplois et à favoriser l'émergence d'une économie numérique compétitive. En développant des compétences spécifiques en IA et en favorisant l'innovation, l'Afrique peut attirer des investissements étrangers et positionner le continent comme un acteur clé sur la scène internationale de la technologie.

Ainsi, l'Afrique est particulièrement apte à bénéficier de l'IA en raison de sa jeunesse dynamique, des défis uniques auxquels elle est confrontée, et du potentiel de développement économique qu'offre cette technologie. Il est donc impératif de saisir cette opportunité et de travailler ensemble pour façonner un avenir prospère et durable pour le continent.

L'Afrique se trouve ainsi au cœur d'un enjeu global et de défis colossaux liés à la course effrénée de l'IA, et le temps presse, car le compte à rebours s'est enclenché insidieusement, sans même que nous y prêtions attention.

Pour nous, la prospérité symbiotique transcende les frontières d'un simple idéal philosophique, et se mue en un impératif incontournable à atteindre avec pragmatisme et détermination.

Si nous ne parvenons pas à établir une relation symbiotique entre les humains et l'IA en Afrique, nous risquons de créer un continent où la technologie accentue les inégalités existantes, érode la dignité humaine et exacerbe les problèmes sociaux et environnementaux.

En revanche, en adoptant l'idée de prospérité symbiotique et en veillant à ce que l'IA soit développée et utilisée de manière responsable, nous avons l'opportunité de créer un avenir où la technologie agit comme un catalyseur du progrès et un moteur d'inclusion sociale en Afrique.

Ainsi, la prospérité symbiotique est un impératif pragmatique pour l'Afrique car elle nous encourage à réfléchir à la manière dont nous pouvons tirer le meilleur parti de l'IA, tout en minimisant les risques potentiels. Pour y parvenir, il est crucial que les gouvernements africains, les entreprises et les individus travaillent ensemble pour établir des normes éthiques, des régulations adaptées et des mécanismes de surveillance qui garantissent que l'IA soit utilisée de manière à soutenir les objectifs sociétaux et environnementaux sur le continent.

Si vous êtes intéressés par l'avenir de l'Afrique et son potentiel à tirer parti de l'innovation digitale pour relever ses défis et façonner un avenir meilleur, ce livre est pour vous. Il s'adresse aux décideurs politiques, aux entrepreneurs, aux éducateurs, aux chercheurs, aux étudiants et à tous ceux qui s'intéressent au potentiel de l'intelligence artificielle et de l'innovation numérique pour transformer l'Afrique et créer un avenir meilleur. Il fournit un mélange d'idées et d'orientations pour exploiter l'incroyable potentiel de la technologie, en abordant les défis et les recommandations pour une adoption éthique et durable des technologies numériques sur le continent africain.

Ainsi, ce qui me motive profondément dans l'écriture de ce livre, c'est l'aspiration sincère à voir l'Afrique bénéficier pleinement de la révolution technologique qui secoue notre monde. En tant que consultant mais avant tout en tant que passionné d'innovation numérique, je suis plus que jamais fasciné et interpellé par la relation en constante évolution entre l'homme et la machine, qui a pris une ampleur sans précédent ces dernières années, voire ces derniers jours. Les technologies progressent à une vitesse vertigineuse, entraînant une transformation radicale de la façon dont nous interagissons avec elles.

Au fil des chapitres, je défie d'abord mes propres connaissances et compétences en explorant différentes possibilités et perspectives pour tracer une voie stratégique que je défendrai avec la plus grande détermination. J'envisage d'aborder les questions éthiques, réglementaires, voire ontologiques liées à l'utilisation de l'intelligence artificielle en Afrique, ainsi que la nécessité d'adapter notre système éducatif pour préparer les Africains aux nouveaux métiers et compétences nécessaires pour l'avenir. Les idées présentées dans ce livre remettront certainement en question vos croyances les plus profondes sur la technologie, l'innovation, le potentiel de l'Afrique et même la façon dont nous nous définissons en tant qu'êtres humains.

En écrivant ce livre, j'ai réalisé qu'il s'agit non seulement d'explorer les possibilités offertes par l'intelligence artificielle, mais aussi de nous inviter, les lecteurs et moi-même, à plonger dans les profondeurs de notre âme pour redécouvrir notre essence en tant qu'humains.

Prospérité Symbiotique est une incitation à repenser notre place dans le monde et à réfléchir sur notre réelle valeur ajoutée en tant qu'individus face à l'essor fulgurant de la technologie. Ce livre est une invitation poétique à embrasser l'avenir avec sagesse, inspiration, conscience et responsabilité, afin de préserver notre humanité et de construire un avenir meilleur pour l'Afrique et le monde entier.

Chapitre I

La relation Homme-Machine

Dans cette ère de progrès technologiques rapides et de révolution numérique, il devient crucial d'aborder la question de la symbiose homme-machine, un concept qui fait référence à la collaboration harmonieuse et complémentaire entre l'humanité et les technologies avancées, en particulier l'intelligence artificielle. L'importance de discuter de ce sujet dans le contexte actuel réside dans la nécessité de comprendre et de façonner notre relation avec les machines, afin d'assurer un avenir durable et équilibré pour tous.

Comme nous l'avons évoqué brièvement dans l'introduction, la symbiose homme-machine est devenue incontournable, voire impérative, dans notre société moderne. Nous sommes témoins d'une intégration croissante des technologies avancées dans nos vies quotidiennes, nos lieux de travail et nos interactions sociales. Les frontières entre l'homme et la machine s'estompent progressivement, rendant cette symbiose essentielle pour une coexistence harmonieuse et durable. Dans un monde où l'innovation technologique est en constante évolution, il est crucial d'adopter et de cultiver une symbiose homme-machine qui préserve notre humanité et nous permette de tirer pleinement parti des opportunités offertes par ces avancées, tout en minimisant les risques et les défis associés.

Dans son livre "**Homo Deus: Une brève histoire de l'avenir**",[5] Yuval Noah Harari souligne les implications potentielles de cette symbiose homme-machine : "*Dans un monde dominé par les flux de données et les algorithmes de traitement de l'information, les humains devront mettre à jour leurs capacités mentales s'ils veulent rester dans la*

[5] Homo Deus : Une brève histoire de l'avenir est un livre de Yuval Noah Harari publié pour la première fois en hébreu en 2015. Traduit en plusieurs langues, il est publié en traduction anglaise en 2016 et en française aux éditions Albin Michel en septembre 2017.

course." Cette citation souligne l'importance pour l'humanité de s'adapter et de se développer en parallèle avec les progrès technologiques pour rester pertinente et compétitive.

Par ailleurs, il est également important de noter que la symbiose homme-machine ne doit pas nécessairement impliquer une concurrence entre les humains et les machines. Au lieu de cela, une approche plus nuancée serait d'explorer comment les humains et les machines peuvent travailler ensemble de manière complémentaire, en tirant parti de leurs forces respectives pour résoudre des problèmes et créer de la valeur. Plutôt que de se concentrer uniquement sur la mise à niveau de nos capacités mentales pour rivaliser avec les machines, il serait judicieux de cultiver notre capacité à collaborer et à coexister avec elles, en harmonisant les capacités uniques de l'homme et de la machine pour un avenir plus prospère et durable.

En effet, dans le contexte de la symbiose homme-machine, il a été démontré que l'alliance de l'intelligence artificielle et de l'homme surpasse la performance de l'homme seul ou de l'IA seule. Prenons l'exemple des jeux d'échecs : les compétitions d'échecs entre humains et machines ont toujours suscité un grand intérêt, et il est indéniable que les IAs sont devenues extrêmement compétentes dans ce domaine. Cependant, lorsque les compétences de l'IA sont combinées avec l'intuition, l'expérience et la créativité humaine, le résultat est encore plus impressionnant.

Cela a été illustré par le concept de "Freestyle Chess" ou "échecs centaure", où des équipes composées d'un joueur humain et d'un programme d'échecs IA collaborent pour affronter d'autres équipes similaires. Dans ce cadre, l'IA peut analyser des millions de positions et de coups possibles, tandis que l'humain apporte sa compréhension globale et sa capacité à identifier des stratégies originales ou inattendues. Ensemble, ils forment une équipe redoutable, surpassant à la fois les joueurs humains et les IAs seules.

Cet exemple démontre le potentiel incroyable d'une véritable collaboration entre l'homme et la machine, qui pourrait s'étendre à de nombreux autres domaines en dehors des échecs.[6]

Cette relation progressive soulève ainsi des questions fondamentales sur la manière dont les humains et les machines peuvent coexister, s'adapter et évoluer ensemble afin d'aboutir à des avantages significatifs, tels que l'amélioration de notre qualité de vie, l'accélération de la résolution de problèmes complexes et la création de nouvelles opportunités économiques et sociales.

Cependant, elle comporte également des défis et des risques, notamment en ce qui concerne les questions éthiques, ontologiques, sécuritaires, la confidentialité et l'équité. Dans le contexte actuel, marqué par une adoption rapide et généralisée des technologies de l'IA et de l'innovation numérique, il est essentiel de discuter de la symbiose homme-machine afin de s'assurer que les avantages potentiels soient maximisés et que les risques soient anticipés et atténués.

En explorant la symbiose homme-machine, nous serons en mesure de repenser notre relation avec la technologie et de redéfinir notre rôle en tant qu'êtres humains dans un monde de plus en plus interconnecté et automatisé. Nous devons considérer les implications de l'IA sur notre identité, notre

---

[6] https://cse.buffalo.edu/~regan/chess/fidelity/FreestyleStudy.html

conscience et notre responsabilité envers les générations futures.

Dans ce chapitre, nous allons explorer les multiples facettes de l'interaction entre l'humanité et les avancées technologiques, en particulier dans le domaine de l'intelligence artificielle et de l'innovation numérique. La relation entre les humains et les machines a considérablement évolué au fil du temps, et il est crucial de comprendre cette dynamique pour mieux appréhender notre avenir commun.

Nous aborderons tout d'abord l'évolution de la relation entre les humains et les machines, en examinant comment les technologies ont influencé et façonné nos vies à travers l'histoire. Ensuite, nous nous pencherons sur le concept de symbiose dans le contexte de l'IA et de l'innovation numérique, en explorant les façons dont les humains et les machines peuvent travailler ensemble de manière harmonieuse et complémentaire.

Les LLMs (Modèles de Langage à Grande Échelle) occupent également une place importante dans ce chapitre. Nous partagerons les perspectives de ChatGPT, un modèle de langage avancé, sur les implications de ces développements technologiques pour l'avenir de la symbiose homme-machine.

Enfin, nous dégagerons les enjeux philosophiques de la symbiose homme-machine, en abordant des questions cruciales telles que l'impact sur l'identité et la conscience humaines. Cette partie du chapitre soulèvera des interrogations profondes et stimulantes, nous invitant à repenser notre relation avec la technologie et à redéfinir notre rôle en tant qu'êtres humains dans un monde de plus en plus interconnecté.

Ce chapitre mettra en évidence les défis et les opportunités que représente la symbiose homme-machine, tout en développant une réflexion sur l'avenir commun de l'homme et de la machine à l'ère de l'intelligence artificielle et de l'innovation numérique.

1.1

L'évolution de la relation entre les humains et les machines

Pendant des décennies, la science-fiction a dépeint l'homme du futur comme un cyborg, fusionnant avec la technologie pour devenir une entité hybride avancée. Si ce phénomène ne s'est pas encore généralisé, on assiste néanmoins à une évolution vers une symbiose plus subtile mais significative avec les machines. Cette transformation est fascinante à étudier, car elle soulève des questions profondes sur l'identité humaine et la façon dont nous percevons notre place dans le monde en constante évolution technologique.

L'humanité interagit avec la technologie depuis des siècles. Cependant, l'ampleur de cette relation a radicalement changé ces dernières années, le monde de la technologie évoluant à un rythme toujours plus rapide. Cette symbiose homme-machine transforme nos vies d'une manière qui était impensable il y a encore dix ans, nous offrant de nouvelles capacités et potentiels tout en posant des défis et des risques éthiques que nous devons relever. Alors que l'IA continue de faire son chemin dans nos vies, il est important que nous acceptions cette relation et continuons d'explorer les possibilités de la symbiose homme-machine pour un avenir meilleur.

Tout au long de l'histoire humaine, notre espèce s'est appuyée sur des outils pour améliorer ses capacités et surmonter les limites de son corps physique. Les premiers humains fabriquaient des outils simples à partir de pierres, de bâtons et d'os pour aider à la chasse, à la cueillette et à la protection. Au fil du temps, les humains ont développé des outils et des machines plus sophistiqués, qui ont révolutionné l'agriculture, les transports et les communications. Dans cette lancée, la révolution industrielle a marqué un tournant important dans l'interaction homme-machine. Les multiples inventions ont transformé notre façon de travailler, de vivre et d'interagir avec les machines. Ces innovations ont certes apporté une augmentation de la productivité, de la croissance économique et de l'urbanisation, tout en entraînant également des conséquences négatives d'un changement technologique rapide telles que la dégradation de l'environnement et le redéploiement plus ou moins réussi de travailleurs dont les tâches sont désormais confiées à la machine.

L'aube de notre civilisation a donc vu la naissance d'outils simples qui ont permis aux premiers humains d'effectuer des tâches plus efficacement, de l'affûtage des bâtons pour découper la viande à la fabrication d'outils en pierre pour la chasse. Alors que nous continuions à évoluer et à développer de nouveaux outils, la nature de notre relation avec la technologie a également évolué. Chaque innovation a laissé une marque indélébile sur l'expérience humaine, façonnant notre compréhension de nous-mêmes et de notre place dans le monde.

Un peu plus tard, les ordinateurs ont annoncé une nouvelle ère de symbiose homme-machine. L'invention du transistor et du circuit intégré a permis la création d'ordinateurs plus petits et plus puissants qui conduiront éventuellement au développement des ordinateurs personnels et d'Internet. Ces innovations nous ont permis de nous connecter avec d'autres humains dans le monde entier, d'accéder à de grandes quantités d'informations et d'automatiser des tâches complexes, rendant encore plus ténue la frontière entre l'homme et la machine.

L'histoire des interactions homme-machine est ainsi une longue histoire fascinante de progrès, d'ambitions et de découvertes. Depuis les premiers outils rudimentaires employés par nos ancêtres jusqu'aux technologies sophistiquées d'aujourd'hui basées sur l'IA, notre relation avec les machines, a été ponctuée de changements et d'adaptations constantes. Dans cette section, nous examinerons les implications pratiques et celles qui ont émergé de chaque étape de notre parcours technologique auprès des machines.

L'avènement de l'ère numérique a engendré une nouvelle vague d'innovations, transformant profondément nos interactions avec les machines. L'émergence des ordinateurs personnels, des smartphones et d'Internet a créé un monde dans lequel nous sommes constamment connectés à la technologie et les uns aux autres.

Aujourd'hui, l'intelligence artificielle et l'apprentissage automatique élèvent la symbiose homme-machine vers de nouveaux sommets. Avec les progrès du traitement du langage naturel, de la vision par ordinateur et de la robotique, l'IA s'intègre de plus en plus dans notre vie quotidienne, prenant des décisions, offrant des recommandations et même imitant les émotions humaines. Cette nouvelle ère de symbiose homme-machine soulève des questions sur notre relation avec la technologie, notre dépendance aux machines et les implications éthiques de la délégation de tâches et de prise de décision à des entités artificielles.

En effet, L'intelligence artificielle a beaucoup évolué depuis son avènement au milieu du 20e siècle. Au début, les chercheurs travaillaient sur des systèmes auxquels ils imposaient des règles précises pour accomplir des tâches spécifiques. Imaginez un robot qui ne peut que suivre des instructions très détaillées, sans pouvoir s'adapter si quelque chose change. Ces systèmes étaient donc limités et ne pouvaient pas apprendre de leurs erreurs ou s'améliorer.

C'est alors qu'est apparu l'apprentissage automatique, une branche de l'intelligence artificielle qui a révolutionné la façon dont les machines fonctionnent. Au lieu de suivre des règles strictes, les ordinateurs peuvent désormais apprendre à partir des informations qu'ils reçoivent et améliorer leurs compétences au fil du temps. Cela a été un grand bouleversement, car les machines sont devenues capables de s'adapter, d'apprendre et de se perfectionner, un peu comme nous, les humains, le faisons.

En résumé, l'intelligence artificielle est passée de machines rigides et limitées à des systèmes capables d'apprendre et de s'adapter, ce qui a profondément transformé la manière dont elles interagissent avec notre monde. Ces avancées ont permis à l'IA d'exceller dans divers domaines, tels que la reconnaissance d'images et la parole, le traitement du langage naturel et même les véhicules autonomes, que l'on peut voir circuler dans les rues de certaines villes des Etats-Unis notamment.

D'ailleurs, sur ce point, bien que les préoccupations philosophiques feront l'objet d'un chapitre dans ce livre, il est intéressant de noter que la perfectibilité, définie comme la capacité de développer de nouvelles compétences et facultés en fonction de circonstances nouvelles, ne serait plus l'apanage de l'homme comme le soutenait Jean-Jacques Rousseau, il y a quelques siècles de cela.

Le rôle croissant de l'IA dans nos vies peut être observé dans divers secteurs et aspects de la vie quotidienne. Dans le domaine de la santé, les systèmes alimentés par l'IA aident au diagnostic, à la découverte de médicaments et aux plans de traitement personnalisés. Dans la finance, les algorithmes d'IA sont utilisés pour la détection des fraudes, la notation du crédit et le trading automatisé. Dans le domaine de l'éducation, les outils alimentés par l'IA offrent des expériences d'apprentissage personnalisées et aident les enseignants à identifier les domaines dans lesquels les élèves peuvent avoir besoin d'un soutien supplémentaire.

Alors que l'IA continue de se développer et de s'intégrer davantage dans nos vies, elle remodèle notre façon de travailler, de communiquer et d'interagir avec le monde qui nous entoure. Dans ce contexte, plusieurs exemples frappants illustrent déjà l'omniprésence de cette relation dans notre vie quotidienne.

a. Les smartphones

Les smartphones sont devenus des extensions de nous-mêmes, des portails vers des connaissances et des capacités qui étaient autrefois hors de notre portée. En effet, la démocratisation rapide des smartphones est l'une des révolutions technologiques les plus importantes de ces dernières années. Les progrès des technologies mobiles ont rendu les smartphones plus accessibles à un public plus large, entraînant une augmentation rapide de la pénétration des smartphones dans le monde. Cette vulgarisation a permis à des millions de personnes d'accéder à l'information et aux services en ligne, offrant des opportunités économiques, éducatives et sociales qui étaient auparavant inaccessibles à de nombreuses personnes et transformant radicalement notre façon de vivre, de travailler et de communiquer.

Depuis quelques années, on peut observer dans mon pays, le Sénégal, une démocratisation des technologies, notamment due à la popularité grandissante des smartphones. Cette tendance s'observe sur l'ensemble du continent africain, qui a connu une forte augmentation de la pénétration des smartphones ces dernières années, avec 660 millions d'Africains équipés d'un smartphone en 2020, soit deux fois plus qu'en 2016, selon une étude du cabinet Deloitte présentée à Dakar.[7]

Cette croissance est due à la baisse des prix des appareils et à l'amélioration des réseaux de télécommunications. Les smartphones ont permis aux Africains de se connecter au reste du monde et d'accéder à une variété de services en ligne, ainsi qu'à des applications de santé, d'éducation et d'information qui ont le potentiel de transformer les économies et les sociétés africaines.

Ainsi, un agriculteur du village de Rao, situé à 180 km de Dakar, qui ne sait ni lire ni écrire le français ou l'anglais et qui n'a pas été scolarisé, manipule quotidiennement un appareil dont la puissance de calcul est au moins 1000 fois

---

[7] https://www.lemonde.fr/afrique/article/2018/04/27/le-nombre-de-smartphones-explose-en-afrique_5291411_3212.html

supérieure à celle de L'Apollo Guidance Computer (AGC)[8] qui pesait 32 kilogrammes et a permis le premier voyage de l'homme sur la lune en 1969.

La technologie est ainsi de plus en plus intégrée dans notre vie quotidienne, modifiant la façon dont nous interagissons avec notre environnement. Nous utilisons maintenant nos smartphones pour des tâches simples telles que prendre des photos, faire des achats en ligne, naviguer dans des zones inconnues et même surveiller notre santé et notre forme physique. Grâce à la technologie de reconnaissance vocale, nous pouvons désormais parler à nos téléphones et leur donner des instructions pour effectuer des tâches spécifiques, réduisant ainsi notre charge cognitive. La technologie a ainsi commencé à effectuer des tâches qui étaient auparavant confiées à notre cerveau, nous permettant de nous concentrer sur d'autres aspects de notre vie. Ainsi, ils deviennent une extension de notre cerveau, nous permettant de communiquer instantanément avec le monde entier, de stocker et d'accéder à de grandes quantités d'informations, et même de contrôler nos environnements à distance.

De manière parallèle à cette évolution, les smartphones sont de plus en plus devenus des extensions de nous-mêmes. J'en suis un témoin particulier. Depuis que je suis tout petit, j'ai toujours eu un très mauvais sens de l'orientation, sûrement hérité de ma mère. Pour pallier ce handicap, j'ai pris l'habitude d'activer systématiquement la géolocalisation sur mon smartphone avant de me déplacer. Il me suffit d'indiquer ma destination à la machine, celle-ci s'occupe de me proposer un itinéraire optimal et de me guider jusqu'à elle. Bien que cette dépendance envers la technologie me

[8] https://history.nasa.gov/computers/Ch2-5.html

soit souvent reprochée par mon père, il n'en demeure pas moins que le smartphone est un outil précieux qui me permet de bénéficier d'une navigation GPS en temps réel incluant un traitement instantané des informations sur le trafic, une tâche qui dépasse largement les capacités de mon cerveau seul. Ainsi, mon smartphone vient à la rescousse de mon esprit pour m'assister et me guider dans mes déplacements, une aide qui s'avère indispensable dans mon quotidien.

En conclusion, les smartphones sont devenus bien plus que de simples appareils de communication ; ils sont désormais des extensions de nous-mêmes, accélérant la symbiose entre l'homme et la machine. Ils nous permettent non seulement de rester connectés au monde qui nous entoure, mais aussi de faciliter notre quotidien et d'optimiser notre productivité. Cette fusion entre l'homme et la technologie ne fait que renforcer la nécessité d'anticiper et de comprendre les implications de l'évolution rapide des technologies numériques. De plus, grâce à la notion d'intelligence déléguée, nous confions aux smartphones des tâches qui, auparavant, étaient réalisées par notre cerveau, leur accordant ainsi une place encore plus importante dans notre vie quotidienne.

Ce qui rend notre fusion avec les smartphones plus subtile, est certainement le fait qu'ils ne semblent pas rattachés à notre corps. Intéressons-nous donc à présent à un autre exemple symbolisant cette symbiose entre l'homme et la machine : les objets connectés. Ces dispositifs, de plus en plus présents dans notre vie quotidienne, permettent une interaction encore plus étroite entre les humains et les technologies, offrant de nouvelles opportunités et défis auxquels il est essentiel de faire face.

b. Les objets connectés

Un jour, je suis allé dans un café à Dakar avec Mandiaye pour travailler. Il venait tout juste d'acheter une paire d'Airpods Max. Je ne comprenais pas vraiment pourquoi il avait dépensé autant d'argent pour un casque Bluetooth. Le café était assez bruyant, avec la musique, les clients qui discutaient et les bruits de la circulation à l'extérieur.

Alors que j'essayais tant bien que mal de me concentrer sur mon travail, j'étais surpris de voir Mandiaye soudainement éclater de rire. Intrigué, je me suis tourné vers lui et j'ai remarqué qu'il avait activé la fonction d'amplification du bruit ambiant de ses AirPods Max, ce qui lui permettait d'écouter avec précision ce qui se disait à la télévision. Moi, en revanche, je n'arrivais pas à distinguer les paroles des présentateurs à travers le brouhaha général.

Un peu plus tard, la musique s'est mise à monter en volume, rendant la situation inconfortable pour moi et pour les autres clients. Mais Mandiaye, lui, n'a pas bronché. Bien que je lui reconnais un stoïcisme souvent déroutant, il avait simplement activé la réduction de bruit de ses AirPods Max et a continué à profiter de sa boisson, parfaitement à l'aise et isolé du vacarme environnant.

Cette anecdote démontre à quel point les technologies autrefois considérées comme futuristes et dignes de films de science-fiction sont désormais banalisées et intégrées à notre quotidien. Les casques comme les AirPods Max nous permettent de moduler notre perception du monde qui nous entoure, comme si nous étions équipés d'un système de filtrage sonore de cyborg, et cela est devenu quelque chose d'ordinaire.

En effet, les objets connectés ont connu une croissance rapide en popularité au cours de la dernière décennie, jouant un rôle de plus en plus important dans la santé et la forme physique. Des montres intelligentes et des trackers de fitness aux vêtements intelligents et aux appareils médicaux, ces technologies transforment la façon dont nous surveillons et gérons notre bien-être, offrant une approche plus personnalisée de la santé.

L'avènement d'objets connectés tels que les trackers de fitness et les montres intelligentes a démocratisé l'accès aux données de santé, permettant aux individus de suivre facilement leur activité physique, leurs habitudes de sommeil et même leur fréquence cardiaque. Cette surveillance en temps réel permet aux utilisateurs de définir et d'atteindre des objectifs personnels de remise en forme, ainsi que d'avoir un aperçu de leur état de santé général. Les appareils portables ont également eu un impact substantiel sur l'industrie du fitness, les gymnases et les studios de fitness les intégrant dans leurs programmes pour suivre les progrès des clients et proposer des routines d'exercices sur mesure.

En plus de suivre les mesures de la condition physique, la technologie portable s'est étendue au domaine de la santé mentale et du bien-être. Des appareils tels que les trackers de stress et d'humeur aident les utilisateurs à surveiller leur bien-être émotionnel, offrant des conseils sur les techniques pour améliorer la santé mentale et réduire les niveaux de stress. Les applications de méditation et de pleine conscience, souvent associées à des appareils portables, proposent des séances guidées et des rappels pour prendre soin de soi, contribuant ainsi à améliorer le bien-être mental et émotionnel.

Un autre impact important de la technologie portable est le potentiel de détection précoce et de prévention des problèmes de santé. Les appareils portables avancés, tels que les moniteurs de glycémie en continu et les capteurs d'électrocardiogramme (ECG), offrent un suivi en temps réel des paramètres de santé vitaux, fournissant des données précieuses aux professionnels de la santé. Ces informations peuvent aider à identifier les signes avant-coureurs et les schémas indiquant des problèmes de santé potentiels, permettant une intervention rapide et réduisant le risque de complications.

Les objets connectés ont également révolutionné le domaine de la surveillance à distance des patients, permettant aux professionnels de la santé de suivre à distance les données de santé des patients. Ceci est particulièrement précieux pour les patients âgés et souffrant de maladies chroniques, permettant aux équipes médicales de surveiller leur état et de fournir des soins appropriés sans avoir besoin de visites fréquentes à l'hôpital. La surveillance à distance améliore non seulement les résultats pour les patients, mais réduit également la charge pesant sur les systèmes de santé et les établissements médicaux.

L'essor des objets connectés a également stimulé l'innovation dans le domaine des textiles et des vêtements intelligents. Des chemises qui surveillent la fréquence cardiaque et les niveaux d'hydratation aux chaussures qui suivent l'efficacité de la course et renseignent sur le trajet du coureur, ces vêtements intègrent de manière transparente la technologie dans les vêtements de tous les jours, fournissant des données précieuses sur la santé sans avoir besoin d'appareils supplémentaires. Alors que les textiles intelligents continuent de progresser, nous pouvons nous attendre à voir des fonctionnalités de surveillance de la santé plus sophistiquées intégrées dans notre garde-robe quotidienne.

Pourtant, le Prophète Muhammad ﷺ a dit : «Par Celui qui détient mon âme , l'Heure ne viendra pas avant que les prédateurs ne parlent aux gens, et jusqu'à ce que la pointe du fouet de l'homme et les sangles de ses chaussures ne lui parlent, et que sa cuisse ne lui raconte ce qui s'est passé avec après son départ. » rapporté par Abu Sa'īd al-Khudri (rA)

S'Il est indéniable que ces affirmations étaient probablement difficiles à saisir pour un habitant du désert au septième siècle. Il y a seulement une vingtaine d'années, cela nous semblait tout aussi inconcevable. Cependant, les avancées extraordinaires réalisées au cours des deux dernières décennies ont rendu cela possible.

Bien que la technologie portable présente de nombreux avantages, il est crucial de prendre en compte les problèmes de confidentialité et les conséquences éthiques qui découlent de la collecte de données personnelles sur la santé. Garantir la sécurité des données et la confidentialité des utilisateurs est primordial pour maintenir la confiance et promouvoir l'utilisation responsable de ces technologies.

En conclusion, les objets connectés ont eu un impact profond sur la santé et la forme physique en permettant aux individus de surveiller et de gérer plus facilement leur bien-être. Leur intégration dans divers aspects de notre vie, de l'exercice à la santé mentale, nous a permis de prendre le contrôle de notre santé et de prendre des décisions éclairées concernant nos choix de mode de vie. Alors que la technologie continue de progresser et de s'intégrer encore plus dans notre vie quotidienne, nous pouvons nous attendre à voir d'autres innovations qui remodèleront notre compréhension de la santé et du bien-être personnels.

Après avoir exploré l'univers des objets connectés, il est temps de nous pencher sur un autre domaine qui incarne parfaitement la symbiose entre l'homme et la machine : les voitures autonomes. Ces véhicules, qui fonctionnent sans intervention humaine, sont en passe de révolutionner notre manière de nous déplacer et de concevoir les transports. Découvrons dans le chapitre suivant comment cette technologie innovante est en train de transformer notre rapport aux machines et à la mobilité.

c. Les véhicules autonomes

Plus tôt, j'évoquais ma dépendance à la géolocalisation pour trouver mon chemin en conduisant, sous les quolibets de mon père. Il ne manque jamais une occasion de se moquer de ma dépendance à la technologie. Eh bien, je ne peux pas m'empêcher de me demander comment il se sentira le jour où il fera un tour dans un véhicule entièrement autonome ! J'imagine d'ici sa réaction lorsqu'il se rendra compte que non seulement il n'est pas nécessaire d'avoir recours à la géolocalisation, mais qu'il n'est pas du tout nécessaire non plus d'avoir un conducteur humain.

Le transport est un enjeu majeur dans nos villes africaines, où il est urgent de révolutionner plusieurs aspects, tels que la réduction des accidents de la route, la lutte contre la pollution et la résolution des problèmes d'embouteillages infernaux. Au Sénégal, des initiatives telles que l'acquisition d'un réseau de TER (Trains Express Régionaux) électriques et d'un BRT (Bus Rapid Transit) électrique témoignent de cette volonté de changement. Cependant, dans d'autres villes du monde, on assiste déjà à l'émergence de véhicules autonomes ou intelligents, qui promettent de transformer encore davantage notre manière de nous déplacer et de repenser les systèmes de transport urbain.

En effet, les véhicules autonomes, également connus sous le nom de voitures autonomes, sont sur le point de révolutionner l'industrie du transport et de remodeler la façon dont nous nous déplaçons dans nos villes et villages. Au fur et à mesure que la technologie derrière les VA mûrit, les implications de leur adoption généralisée deviennent de plus en plus apparentes, affectant divers aspects du transport, y compris la sécurité routière, la gestion du trafic, l'impact environnemental et l'urbanisme.

L'une des implications les plus importantes des véhicules autonomes est leur potentiel à améliorer considérablement la sécurité routière. L'erreur humaine est la principale cause d'accidents de la circulation, et les VA, équipés de capteurs avancés et d'algorithmes d'apprentissage automatique, peuvent minimiser ces erreurs en surveillant constamment leur environnement et en prenant des décisions calculées. En réduisant le nombre d'accidents, les VA peuvent sauver des vies, diminuer les blessures et réduire les coûts économiques associés.

La gestion du trafic est un autre domaine où les véhicules autonomes peuvent avoir un impact substantiel. Grâce à la communication de véhicule à véhicule et de véhicule à infrastructure, les voitures autonomes peuvent échanger des informations en temps réel sur les conditions de circulation, ce qui leur permet d'optimiser les itinéraires et de réduire les embouteillages. Cette amélioration de la fluidité du trafic peut entraîner une réduction des temps de trajet et une augmentation de la productivité des navetteurs.

L'adoption généralisée des véhicules autonomes offre également un potentiel d'avantages environnementaux importants. Comme la plupart des VA devraient être électriques ou hybrides, leur présence accrue sur les routes peut entraîner une réduction des émissions de gaz à effet de serre et une diminution de la pollution atmosphérique. De plus, l'optimisation des comportements de conduite, peut améliorer l'efficacité énergétique et réduire la consommation de carburant.

En termes d'urbanisme, l'essor des véhicules autonomes peut entraîner des changements significatifs dans la conception et l'organisation des villes. Avec les VA, le besoin d'infrastructures de stationnement étendues peut diminuer, libérant un espace urbain précieux à d'autres fins, telles que les espaces verts, le logement ou les développements commerciaux. De plus, les voitures autonomes peuvent faciliter la croissance des services de mobilité partagée, réduisant le nombre total de véhicules sur la route et conduisant à une utilisation plus efficace des ressources de transport.

Cependant, la transition vers les véhicules autonomes présente également divers défis et préoccupations. Un problème important est la perte potentielle d'emplois dans les industries liées à la conduite, comme les chauffeurs de taxi, de camion et d'autobus. Les décideurs politiques devront élaborer des stratégies pour aider les travailleurs concernés à faire la transition vers de nouvelles carrières ou industries.

Une autre préoccupation liée aux véhicules autonomes est les dilemmes éthiques qu'ils posent, notamment lorsqu'il s'agit de prendre des décisions dans des situations critiques. L'établissement d'un ensemble de directives éthiques universellement acceptées pour les VA à suivre en cas d'accident inévitable reste une tâche difficile, nécessitant la contribution de diverses parties prenantes, y compris les gouvernements, les fabricants et le grand public.

Le dilemme du tramway est un exemple classique qui illustre bien cette problématique. Dans ce scénario, un tramway roule sur une voie ferrée et se dirige vers cinq personnes attachées sur la voie. Le conducteur peut dévier le tramway sur une autre voie, où une seule personne est attachée. La question éthique qui se pose est de savoir s'il faut dévier le tramway et sacrifier une personne pour en sauver cinq autres.

Transposé aux véhicules autonomes, le dilemme du tramway montre les défis éthiques auxquels ces véhicules pourraient être confrontés lorsqu'ils doivent décider entre deux scénarios potentiellement néfastes. La programmation de ces véhicules doit tenir compte des valeurs et des principes éthiques qui guideront leurs décisions en cas de situations critiques, ce qui soulève des questions complexes et des débats sur la responsabilité et la morale.

J'en profite également pour évoquer brièvement une notion qui sera plus amplement abordée par la suite : celle du biais inhérent aux IA. Dans le cas du dilemme du tramway, l'IA se basera forcément sur des calculs pour choisir quelles personnes sacrifier, et ce choix peut se baser sur des données biaisées.

Prenons un exemple : l'IA pourrait décider de sacrifier une personne âgée plutôt qu'un jeune, en se basant sur l'espérance de vie restante ou la contribution potentielle à la société. Cependant, ce raisonnement soulève des questions éthiques, car il s'appuie sur des données qui peuvent être discriminatoires et injustes. Les concepteurs d'IA doivent donc être vigilants pour éviter d'introduire des biais dans les algorithmes qui guident les décisions des véhicules autonomes, afin de garantir un traitement équitable et éthique de toutes les personnes concernées.

En conclusion, les véhicules autonomes commencent à transformer profondément le paysage des transports, offrant de nombreux avantages tels que l'amélioration de la sécurité routière, la réduction des embouteillages et la diminution de l'impact environnemental. Cependant, l'intégration réussie des VA dans nos systèmes de transport nécessite de relever les divers défis et préoccupations qu'ils posent. Ce faisant, nous pouvons libérer tout le potentiel de cette technologie révolutionnaire et créer un avenir plus efficace, plus sûr et plus durable pour les transports.

Après avoir abordé les enjeux et les défis liés aux véhicules autonomes, il est temps de nous pencher sur un autre domaine où l'intelligence artificielle apporte d'importantes innovations : les outils collaboratifs et décisionnels. Ces technologies permettent d'améliorer la communication, la prise de décision et la productivité au sein des entreprises et des organisations. Dans cette partie, nous explorerons comment l'IA facilite la collaboration et favorise la prise de décisions éclairées, en brisant les barrières traditionnelles et en révolutionnant la manière dont nous interagissons et travaillons ensemble.

d. Les outils collaboratifs et décisionnels

Alors que l'intelligence artificielle continue de faire des percées dans diverses industries, le lieu de travail n'est pas exempt de son impact transformateur. L'un des aspects les plus fascinants de l'intégration de l'IA est la façon dont elle a remodelé la façon dont nous collaborons et prenons des décisions au travail. Dans cette section, nous explorerons comment les outils alimentés par l'IA révolutionnent les processus de communication, de travail d'équipe et de prise de décision dans le monde professionnel.

Les statistiques sur l'intelligence artificielle du MIT Sloan montrent que 75 % des cadres supérieurs pensent que l'IA permettra à leur organisation de se développer et d'acquérir un avantage concurrentiel.[9]

Les plateformes de communication basées sur l'IA aident les équipes à rester connectées, assurant un flux d'informations fluide et une collaboration en temps réel. Les chatbots et les assistants virtuels permettent aux employés d'accéder plus facilement aux informations pertinentes, de gérer les horaires et d'automatiser les tâches banales, laissant plus de temps pour la réflexion stratégique et la résolution créative de problèmes.

D'ailleurs, comme je l'ai mentionné brièvement lors de l'introduction, la création de chatbots est devenue l'un de mes principaux outils en tant que consultant en innovation ces derniers temps. Les chatbots sont particulièrement pertinents pour les entreprises et les organisations africaines, car ils permettent d'améliorer la communication avec les clients, d'automatiser certaines tâches et de réduire les coûts. De plus, ils contribuent à rendre les services plus ac-

[9] https://sloanreview.mit.edu/projects/reshaping-business-with-artificial-intelligence/

cessibles, ce qui est essentiel dans un contexte où de nombreuses personnes n'ont pas encore accès à des ressources et des infrastructures adéquates.

Selon Gartner, une société de recherche et de conseil de premier plan, les chatbots proactifs et intelligents vont améliorer l'expérience client au cours de la prochaine décennie en anticipant les besoins des clients et en établissant un lien émotionnel avec eux. Gartner estime que les chatbots avancés pourront traiter 95 % des interactions client, réduisant ainsi la participation humaine à seulement 5 %. Cette prédiction souligne l'importance croissante des chatbots pour les entreprises et les organisations, et en particulier pour celles situées en Afrique, où les défis spécifiques rendent ces outils encore plus précieux.[10]

En ce qui concerne la prise de décision, l'IA joue de plus en plus un rôle crucial dans la prise en charge des informations et des prévisions basées sur les données. Grâce à des analyses avancées, l'IA peut traiter de grandes quantités de données et identifier des modèles, des tendances et des corrélations que les humains peuvent ignorer. Cette capacité permet aux organisations de prendre des décisions plus éclairées, de réduire les risques et d'optimiser leurs opérations.

De plus, les outils alimentés par l'IA brisent les silos et favorisent la collaboration entre différents départements et domaines d'expertise. En fournissant des informations et des recommandations qui s'appuient sur des données provenant de l'ensemble de l'organisation, l'IA encourage une

[10] https://www.financedigest.com/ai-will-power-95-of-customer-interactions-by-2025.html

approche plus holistique de la résolution de problèmes et de la prise de décision.

Prenons par exemple une Startup au Sénégal appelée Lengo. Ils se font appeler « Xaritou Boutiquiers Yi », ce qui signifie amis des boutiquiers en wolof. La plateforme de Lengo utilise l'intelligence artificielle pour fournir des données sur la performance des biens de consommation chez les détaillants. Lengo est la première plate-forme d'intelligence basée sur l'IA pour les entreprises FMCG en Afrique et offre un accès Premium à la plus grande base de données sur les biens de consommation sur le marché de consommation à la croissance la plus rapide au monde.[11]

Conscient que les marques peinent à améliorer leur distribution par manque de données, Lengo répertorie les boutiques et les produits qu'elles vendent pour relayer l'information aux industries agroalimentaires. L'objectif est de permettre à ces enseignes de mieux comprendre leur marché et d'aider les commerçants à améliorer leurs services aux consommateurs.

En un peu moins d'un an d'existence, la plateforme a enregistré et travaillé avec plus de dix mille boutiques dans la seule capitale sénégalaise, Dakar. Ils visent à étendre leurs activités à d'autres pays de la sous-région. En tirant parti de l'IA, Lengo révolutionne la façon dont les entreprises collaborent et prennent des décisions, ce qui profite en fin de compte aux marques et aux commerçants dans leur quête de croissance et d'amélioration du service client.

Leur devise, "Stop Guessing Africa", illustre parfaitement l'impact de l'IA sur le lieu de travail, notamment en termes

---

[11] https://www.bbc.com/afrique/region-63680329

de collaboration et de prise de décision. Comme nous l'avons vu précédemment, l'IA peut grandement améliorer la façon dont les entreprises travaillent ensemble et prennent des décisions en fournissant des informations précises et basées sur des données. La plate-forme de Lengo, qui exploite la puissance de l'IA pour collecter et analyser les données des petits détaillants, permet aux marques de prendre des décisions éclairées sur la base d'informations réelles sur le marché, plutôt que de s'appuyer sur des conjectures ou des hypothèses. Ceci, à son tour, permet aux entreprises de collaborer plus efficacement, d'optimiser leurs stratégies de distribution et de fournir des services améliorés aux consommateurs. En encourageant la prise de décision basée sur les données, Lengo illustre comment l'IA peut transformer le fonctionnement des entreprises et créer un avenir plus efficace et plus prospère pour l'Afrique.

Cependant, l'intégration de l'IA sur le lieu de travail soulève également des questions importantes sur l'avenir du travail, le redéploiement d'employés et la nécessité de perfectionner et de reconvertir les employés. Alors que l'IA continue d'augmenter les capacités humaines et de redéfinir notre façon de travailler, il est essentiel de trouver un équilibre entre l'exploitation des avantages de l'IA et la garantie de la valeur et de la pertinence continues de l'expertise et de l'intuition humaines.

En conclusion, l'évolution de la relation entre les hommes et les machines soulève des questions profondes et fascinantes. Alors que nous continuons à développer et à intégrer des technologies de plus en plus avancées dans nos vies, il est crucial de nous interroger sur la nature de cette relation et les implications éthiques, morales et philosophiques qui en découlent. Comment allons-nous définir notre humanité à mesure que les machines deviennent de plus en plus performantes et autonomes ? Quelle est la frontière entre l'homme et la machine, et comment cette frontière évoluera-t-elle au fil du temps ?

Ces questions et d'autres interrogations similaires nous amènent à nous pencher sur la spéculation concernant l'Intelligence Artificielle Générale (AGI) et l'avenir des Modèles de Langage à Grande Échelle (LLM) tels que ChatGPT. Dans le prochain chapitre, nous explorerons les perspectives et les défis associés à ces technologies, et nous tenterons d'entrevoir comment elles pourraient façonner notre avenir commun.

1.2

Le phénomène ChatGPT et les LLMs

Si vous lisez ce livre, il y a de fortes chances que vous ayez déjà entendu parler ou même utilisé un Large Language Model (LLM) comme ChatGPT. Si vous avez déjà utilisé ChatGPT, vous avez probablement déjà une opinion mitigée sur ce que cela signifie profondément pour nous en tant qu'humains ou, du moins, ce qu'il peut faire pour vous. Moi-même, je ne peux m'empêcher d'être à la fois enthousiasmé et perplexe par l'évolution rapide des modèles de langage, en particulier ceux à grande échelle comme GPT-4. Plongeons dans le monde de ces modèles fascinants et explorons leur rôle dans la formation du paysage de l'innovation numérique et la redéfinition de nos croyances les plus profondes en tant qu'humains.

Ayant dépassé la barre du million d'utilisateurs en seulement cinq jours, selon les dernières données disponibles, ChatGPT compte actuellement plus de 100 millions d'utilisateurs et le site génère 1 milliard de visites par mois. Cette croissance du nombre d'utilisateurs et du trafic a été réalisée en un temps record de deux mois seulement (de décembre 2022 à février 2023).[12]

Cela illustre un changement irréversible de notre monde où l'IA s'est démocratisée. L'adoption massive et rapide de

[12] https://www.theguardian.com/technology/2023/feb/02/chatgpt-100-million-users-open-ai-fastest-growing-app

ChatGPT témoigne de la façon dont l'intelligence artificielle est devenue une partie intégrante de la vie quotidienne des gens. Désormais, des millions d'individus interagissent régulièrement avec des IA pour obtenir des informations, des conseils ou du soutien dans divers domaines. Cet essor de l'IA modifie profondément notre rapport à la technologie et transforme la manière dont nous appréhendons le monde qui nous entoure.

Du jour au lendemain, les LLMs ont révolutionné la façon dont nous interagissons avec les machines. Ils peuvent générer des réponses textuelles de type humain et s'engager dans des discussions avec nous à un niveau sans précédent, ce qui est à la fois très utile et intrigant.

Ce maniement du langage leur permet de traduire en mot un ensemble de fonctionnalités dont vous pouvez bénéficier dès aujourd'hui.

a. Spécificités de ChatGPT

Plongeons-nous maintenant dans certaines des fonctionnalités qui rendent ChatGPT si remarquable et attrayant dans notre vie de tous les jours, quelles que soient nos compétences techniques :

- **Compréhension du langage naturel :** la capacité probablement la plus époustouflante de ChatGPT est qu'il a une incroyable capacité à comprendre et à interpréter le langage humain. Cela signifie que vous pouvez lui poser des questions ou lui confier des tâches dans un langage courant qu'il comprendra et il répondra intelligemment. Même si vous écrivez volontairement ou non avec des erreurs, le logiciel comprendra.

- **Diverses applications :** qu'il s'agisse de répondre à des questions, de rédiger des e-mails, d'écrire du code informatique, de créer du contenu ou même d'offrir des idées philosophiques, ChatGPT propose une large gamme d'applications qui peuvent vous aider dans votre vie quotidienne.

- **Tonalité personnalisable :** l'une des caractéristiques les plus uniques de ChatGPT est sa capacité à ajuster sa tonalité en fonction de vos préférences. Que vous ayez besoin d'une réponse passionnée, d'une plaisanterie amusante ou d'une réponse pragmatique, ChatGPT a ce qu'il vous faut.

- **Apprentissage continu :** ChatGPT est conçu pour apprendre et s'améliorer au fil du temps. Au fur et à mesure que de plus en plus de personnes l'utilisent, il s'exprime de mieux en mieux et fait de moins en moins d'erreurs. Cela garantit que l'IA reste pertinente et utile pour ses utilisateurs.

- **Capacités multilingues :** ChatGPT ne se limite pas à l'anglais bien qu'il ait été développé dans cette langue; il peut comprendre et générer du texte dans plusieurs langues, ce qui en fait un outil utile pour les personnes du monde entier. Malheureusement, il ne comprend pas encore nos langues africaines, privant ainsi d'accès à cet outil bientôt incontournable une frange importante sinon majoritaire de notre population. En tant que fervent partisan de l'innovation africaine, je trouve particulièrement fascinant de voir comment ces modèles linguistiques peuvent contribuer à la préservation et à la revitalisation des langues et des cultures africaines. En formant ces modèles sur divers ensembles de données linguistiques, nous pouvons tirer parti de leurs capacités pour promouvoir et soutenir la riche mosaïque de langues africaines, favorisant un sentiment de fierté culturelle et d'identité à l'ère numérique.

En conclusion, ChatGPT est un outil puissant et polyvalent qui offre un large éventail d'avantages pour l'utilisateur lambda. Sa capacité à comprendre le langage humain, à générer des réponses significatives et à s'adapter à différentes tonalités en fait un ajout inestimable à nos vies numériques. Donc, que vous recherchiez un coup de main, une étincelle créative ou un peu de sagesse, ChatGPT est là pour vous aider. En réalité, il se pourrait même qu'il ait écrit ce livre, je vous laisse le soin d'en juger selon l'appréciation qualitative que vous en ferez après l'avoir terminé.

Ainsi, la capacité de ces modèles de langage à comprendre et à générer du texte de manière humaine a ouvert une pléthore de possibilités dans divers domaines. Du support client et de la création de contenu à l'éducation et au soutien en matière de santé mentale, les applications de ChatGPT sont vastes et polyvalentes. Il est impressionnant de voir comment ces modèles peuvent désormais effectuer des tâches qui étaient autrefois le domaine exclusif des êtres humains.

De plus, ces modèles linguistiques peuvent également aider à combler le fossé numérique entre les pays développés et les pays en développement. En réduisant le coût d'entrée dans les technologies basées sur l'IA, nous pouvons garantir que chacun a accès à des technologies de pointe et à des solutions innovantes, quelle que soit sa situation économique ou géographique.

Dans ce sens, les modèles linguistiques peuvent également aider à combler le fossé numérique entre les pays développés et les pays en développement. En réduisant le coût d'entrée dans les technologies basées sur l'IA, nous pouvons garantir que chacun a accès à des technologies de pointe et à des solutions innovantes, quelle que soit sa situation économique ou géographique.

b. L'API GPT

L'un des principaux catalyseurs de cette démocratisation de l'IA est l'utilisation d'interfaces de programmation d'applications, ou API.

Les API (Application Programming Interface) ou interfaces de programmation d'applications sont essentiellement un ensemble de règles et de protocoles qui permettent à différentes applications logicielles de communiquer entre elles. Dans le contexte de modèles de langage basés sur l'IA comme ChatGPT, les API permettent aux développeurs et aux non-experts d'exploiter la puissance de ces systèmes avancés sans nécessiter de connaissances ou de compétences informatiques approfondies.

Les API sont comme des intermédiaires utiles qui permettent aux personnes ayant peu ou pas de connaissances en informatique d'accéder et d'utiliser des technologies avancées telles que les modèles de langage basés sur l'IA. Pour vous faciliter la compréhension de cet aspect je l'avoue un peu technique, utilisons une analogie que même ma sœur, qui est généralement perdue quand il s'agit d'informatique, comprendrait.

Imaginez que vous soyez au restaurant et que vous souhaitiez commander un repas. Dans ce scénario, le serveur sert d'intermédiaire entre la cuisine et vous. Vous n'avez pas besoin de savoir comment le repas est préparé ou d'avoir des compétences en cuisine; vous dites simplement au serveur ce que vous voulez, et il communique votre commande à la cuisine. La cuisine prépare ensuite votre repas, et le serveur vous le rapporte.

Dans le monde de la technologie, les API jouent un rôle similaire à celui du serveur. Ils agissent comme un intermédiaire pour les personnes qui souhaitent accéder à des modèles de langage basés sur l'IA comme ChatGPT sans avoir à plonger profondément dans les complexités de l'informatique ou de la programmation. Avec une API, vous n'avez pas besoin de connaître le fonctionnement interne du système d'IA ou d'être un programmeur expert ; vous utilisez simplement l'API pour dire au système ce dont vous avez besoin, et l'API gère le reste.

Les créateurs de modèles de langage basés sur l'IA comme OpenAi fournissent des directives et des ressources qui expliquent comment utiliser efficacement leurs API. Ces directives sont conçues pour être faciles à comprendre, de sorte que même une personne sans formation en informatique peut les suivre et utiliser le système d'IA et créer une solution qui exploite la puissance de cette technologie révolutionnaire.

Le fait de fournir des API, comme celle de GPT-4, présente à la fois des avantages et des risques, car cela met entre les mains de n'importe qui une puissance qui peut être néfaste. D'un côté, l'accès à ces API permet de démocratiser l'utilisation de l'intelligence artificielle et d'encourager l'innovation en offrant aux développeurs et aux entreprises la possibilité de créer des applications et des services novateurs. Cela a le potentiel d'améliorer de nombreux aspects de notre vie quotidienne et de résoudre des problèmes complexes auxquels nous sommes confrontés.

Cependant, d'un autre côté, cela comporte également des risques significatifs. En mettant ces puissantes technologies à la disposition de tous, il devient possible que des individus mal intentionnés les utilisent à des fins néfastes, telles que la désinformation, la manipulation de l'opinion publique, le cyberharcèlement ou d'autres activités illicites. Par conséquent, il est essentiel de mettre en place des régulations appropriées et des mécanismes de contrôle pour minimiser ces risques et garantir que l'IA soit utilisée de manière éthique et responsable.

En conclusion, les API ouvrent la porte à des technologies avancées telles que les modèles de langage basés sur l'IA pour les personnes qui n'ont peut-être pas de formation en informatique. Ils simplifient le processus et fournissent des ressources qui facilitent l'accès et le bénéfice de ces puissants outils pour tous.

c. Vers une intelligence augmentée

Les LLMs représentent un outil puissant pour remodeler l'avenir de l'innovation numérique et créer un monde plus équitable pour tous. À une époque où la créativité humaine est de plus en plus augmentée par l'intelligence artificielle, il est essentiel pour nous de favoriser une attitude responsable envers ces modèles afin que nous puissions les utiliser de manière sûre et éthique. Dans cet esprit, continuons à explorer ensemble ce nouvel horizon.

Nous devons réfléchir aux implications de ces modèles de langage pour la créativité, l'originalité et l'essence de ce qui fait de nous des êtres humains. Alors que les machines deviennent plus aptes à imiter notre langage, finiront-elles par remplacer les écrivains, poètes et philosophes humains ? Ou serviront-ils de catalyseurs, nous incitant à atteindre de nouveaux sommets de créativité et d'activités intellectuelles ?

En effet, le potentiel de la symbiose homme-machine est vaste. Les machines sont capables d'exécuter des tâches plus rapidement et avec plus de précision que les humains, ce qui peut économiser du temps et de l'argent et augmenter l'efficacité. Ils ont également le potentiel de collecter de grandes quantités de données qui peuvent être utilisées pour prendre de meilleures décisions. En tirant parti de la technologie de l'IA, les machines peuvent apprendre des expériences passées et améliorer continuellement leurs performances. Cependant, il existe également plusieurs risques associés à cette démocratisation de l'accès à l'intelligence à faible coût. Les considérations éthiques liées à l'utilisation de la technologie de l'IA doivent être prises en compte pour s'assurer qu'elle n'est pas utilisée à des fins malveillantes ou d'une manière discriminatoire à l'égard de certains groupes de personnes.

On s'inquiète alors du potentiel des machines à remplacer les humains dans plusieurs, si ce n'est la plupart des domaines. En effet, si une machine qui ne dort pas et ne prend jamais de congé peut faire de manière plus efficace et à moindre coût ce qu'un travailleur faisait, quelle motivation un employeur ou client aurait à privilégier l'homme ? Les compétences et les talents humains seront-ils dévalorisés face à l'efficacité des machines ?

Je demande fréquemment à mes étudiants de se poser cette question cruciale, et je pense que chacun devrait également se la poser, aussi difficile qu'elle puisse être : "Quelle compétence ou aptitude possédez-vous qu'une intelligence artificielle ne pourrait pas accomplir mieux que vous ?"

N'ayant toujours pas trouvé de réponse qui soit en notre faveur, nous voyons qu'il ne s'agit pas d'instaurer une concurrence entre les machines et l'homme, mais de voir ce que les deux sont capables de faire ensemble mieux que l'homme tout seul ou la machine toute seule.

C'est d'ailleurs là la clé de tout le concept de prospérité symbiotique. Cette expansion des capacités de l'homme par la machine se laisse lire dans les cas suivants :

- **L'amélioration de l'efficacité et des capacités de résolution de problèmes**

À l'ère de l'IA, les entreprises et les organisations ont constaté une amélioration significative de leur efficacité et de leurs capacités de résolution de problèmes. En automatisant les tâches répétitives, l'IA permet aux employés de se concentrer sur des aspects plus stratégiques et créatifs de leur travail. De plus, les algorithmes d'IA peuvent traiter de grandes quantités de données à une vitesse inaccessible aux capacités humaines, ce qui permet une prise de décision plus rapide et plus précise.

Les outils basés sur l'IA peuvent analyser des ensembles de données complexes et identifier des modèles, des tendances et des corrélations qui pourraient autrement passer inaperçus pour les analystes humains. Ce niveau d'informations permet aux organisations de prendre des décisions éclairées et d'optimiser leurs processus, ce qui se traduit par de meilleures performances, des économies de coûts et une productivité accrue.

En outre, l'IA peut également améliorer la résolution de problèmes en fournissant aux organisations des analyses prédictives et des simulations avancées. Ces capacités permettent aux entreprises d'anticiper les problèmes potentiels et de développer des solutions proactives, ce qui conduit finalement à une résilience et une adaptabilité accrues face aux conditions de marché en constante évolution.

En rationalisant les opérations, en améliorant l'analyse des données et en permettant la résolution prédictive des problèmes, l'IA a transformé le lieu de travail et amélioré considérablement l'efficacité et la productivité dans divers secteurs. Alors que l'IA continue d'évoluer et de s'intégrer davantage dans notre vie quotidienne, nous pouvons nous attendre à voir des impacts encore plus profonds sur notre façon de travailler et de collaborer.

- **Créativité et innovation améliorées**

L'IA en tant que collaborateur améliore la créativité et l'innovation de diverses manières. Par exemple, les algorithmes sont utilisés pour générer de nouvelles idées et concepts qui n'auraient pas pu être conçus par des humains seuls. Ce type d'automatisation offre aux professionnels de nouvelles perspectives et opportunités à explorer lorsqu'ils abordent un problème dont la résolution demande de la créativité. En outre, l'IA peut également être utilisé pour identifier des modèles dans les données qui peuvent ensuite être utilisés pour éclairer les décisions, permettant un travail créatif mieux informé.

Une autre façon dont l'IA améliore la créativité et l'innovation consiste à automatiser les tâches banales qui prenaient auparavant un temps et des ressources précieux. En automatisant des tâches telles que la saisie de données ou le formatage de documents, les professionnels sont libérés pour se concentrer sur les aspects les plus significatifs du processus de création. Enfin, l'IA peut fournir des informations en temps réel à partir des commentaires des clients ou des données d'analyse qui peuvent aider à guider le processus créatif vers des résultats plus réussis. Dans l'ensemble, l'IA a ouvert un monde de possibilités en matière de créativité et d'innovation - débloquant des hauteurs qui étaient autrefois inimaginables.

En tant que designer et consultant en innovation, une grande partie de mon processus créatif consiste à comprendre l'utilisateur et à itérer sur les idées pour trouver la meilleure solution. Avec l'aide de l'IA, ce processus devient de plus en plus efficient et efficace. Les algorithmes d'IA peuvent être utilisés pour analyser de grands ensembles de données d'utilisateurs afin de découvrir des modèles et des tendances qui peuvent éclairer le processus de conception. Par exemple, l'IA peut être utilisée pour analyser le comportement des clients sur un site Web ou une application, fournissant des informations précieuses sur la façon dont les utilisateurs interagissent avec des éléments ou des fonctionnalités spécifiques. Ces données peuvent ensuite être utilisées pour éclairer les décisions concernant les modifications de conception ou les révisions qui amélioreront l'expérience des clients avec un produit ou un service. Ce type d'automatisation permet aux concepteurs et aux innovateurs d'explorer des solutions potentielles sans avoir à recommencer à zéro à chaque fois, libérant ainsi un temps et une énergie précieux pour un travail plus significatif.

L'IA transforme ainsi notre manière de créer et d'innover en simplifiant les processus créatifs et en nous assistant dans des tâches comme la conception, la programmation et même l'écriture. Par exemple, l'art généré par l'IA permet de créer de nouvelles idées à partir de données existantes, économisant ainsi du temps et des ressources précieuses qui auraient été consacrées à des tâches routinières comme les tests A/B. Cela offre aux designers et innovateurs plus de liberté pour explorer un large éventail de solutions potentielles sans repartir de zéro à chaque fois. De plus, des outils d'écriture basés sur l'IA, comme Grammarly, vérifient automatiquement les erreurs de grammaire, économisant du temps et de l'énergie tout en améliorant la qualité du contenu créé par les humains. Dans l'ensemble, l'IA facilite les processus créatifs de multiples façons, nous permettant d'atteindre des sommets inexplorés en matière de créativité et d'innovation.

Dans le même sillage, grâce à des technologies d'IA avancées telles que les GAN (Generative Adversarial Networks), le "Transfert de style" et l'"Art évolutif interactif", les concepteurs peuvent expérimenter des combinaisons d'images inédites. Les GAN utilisent deux réseaux de neurones pour comparer les images générées à un ensemble de données d'images réelles, produisant des images très réalistes. Le Transfert de style permet de fusionner différentes œuvres d'art en une nouvelle création unique en combinant des caractéristiques des deux œuvres pour une esthétique originale. L'Art évolutif interactif emploie la sélection naturelle et l'évolution pour permettre aux utilisateurs d'interagir avec un système d'IA en choisissant les œuvres d'art qu'ils préfèrent ou n'aiment pas, offrant un contrôle inédit sur le processus de création.

Par ailleurs, les images et vidéos générées par l'IA, souvent appelées Deep Fakes, présentent à la fois des avantages et des risques considérables. Un Deep Fake est une image ou une vidéo créée ou modifiée grâce à une IA. Elle peut par exemple montrer un personnage célèbre dans une scène entièrement créée par une IA et telle que le grand public la croit tout à fait vraie. Si ces créations peuvent s'avérer utiles pour des applications telles que la post-production cinématographique, la publicité ou la formation, elles soulèvent également des préoccupations éthiques et de sécurité. Les Deep Fakes peuvent être utilisés pour propager de fausses informations, manipuler l'opinion publique, nuire à la réputation des individus ou servir à des fins de chantage. Face à ces défis, il devient crucial de trouver un équilibre entre les bénéfices apportés par l'IA et les risques qu'elle représente pour la société.

La relation homme-machine est au cœur de cette problématique, et les préoccupations philosophiques soulevées par l'IA deviennent de plus en plus pertinentes à mesure que la technologie évolue. Pour tirer parti de l'IA et des Deep Fakes de manière responsable, il est essentiel de mettre en place des régulations et des mécanismes de contrôle adaptés, ainsi que d'éduquer les utilisateurs à détecter et à combattre les contenus falsifiés. En réfléchissant aux enjeux éthiques, aux questions d'autonomie et de responsabilité, nous pourrons aborder le potentiel de l'IA de manière plus nuancée et équilibrée, en veillant à ce que la relation homme-machine se développe dans un cadre favorable à l'épanouissement et à la sécurité de tous. Dans le prochain chapitre, nous explorerons les préoccupations philosophiques soulevées par l'IA, afin de mieux comprendre les implications profondes de cette technologie et de préparer l'avenir de la collaboration homme-machine.

Chapitre II

RÉFLEXIONS PHILOSOPHIQUES SUR LA SYMBIOSE HOMME-MACHINE

Dans l'introduction de ce livre, je soulignais l'importance cruciale que les humanités ont joué dans l'influence de mon approche d'analyse de l'évolution des technologies et, de manière pratique, pour comprendre notre relation avec elles. Les sciences sociales, notamment la philosophie, nous offrent une perspective unique et précieuse pour explorer et contextualiser les développements technologiques à travers les âges, tout en nous aidant à saisir les implications éthiques, sociales et culturelles de ces innovations.

Le célèbre écrivain français François Rabelais a parfaitement résumé le rôle de la philosophie et de l'éthique dans notre rapport aux avancées scientifiques et technologiques avec cette citation : "Science sans conscience n'est que ruine de l'âme." Cette phrase souligne l'importance d'associer notre quête de connaissances et de progrès technologiques à une réflexion approfondie sur les conséquences de ces innovations et sur la manière dont elles peuvent affecter notre bien-être, notre société et notre environnement.

En y réfléchissant, je réalise que cette phrase célèbre de Rabelais en plus d'être probablement celle que j'utilisais le plus souvent dans mes dissertations au collège, symbolise à merveille l'idée fondamentale de ce livre. En effet, elle illustre parfaitement l'aspect impératif de prendre en compte les questions éthiques et philosophiques lors de l'adoption et du développement de l'IA. Si notre relation avec l'IA ne réussit pas à traiter ces préoccupations de manière responsable et réfléchie, cela pourrait constituer une menace sans précédent dans l'histoire de l'humanité.

La citation de Rabelais met en lumière l'importance de ne pas laisser la science et la technologie progresser sans tenir compte des conséquences potentiellement dévastatrices sur l'âme humaine et la société dans son ensemble. Dans le contexte de l'IA, cela signifie que les progrès technologiques doivent être guidés par des principes éthiques solides et une compréhension approfondie de leur impact sur les individus et les communautés.

Si nous échouons à aborder et à résoudre les problématiques philosophiques soulevées par l'IA, nous pourrions être confrontés à des conséquences néfastes, telles que l'accroissement des inégalités, la perte d'autonomie et de contrôle sur nos vies, et la remise en question de ce que signifie être humain.

Ainsi, il est essentiel de tenir compte des dimensions éthiques et philosophiques dans notre approche de l'IA, afin de prévenir les menaces potentielles et de s'assurer que cette technologie soit utilisée de manière responsable, pour le bénéfice de tous et dans le respect de notre humanité.

En poursuivant cette réflexion, nous explorerons les aspects philosophiques et éthiques de la technologie, en mettant l'accent sur les impacts de l'IA sur différentes questions. Nous chercherons à comprendre comment la philosophie peut éclairer notre adoption et notre utilisation de l'IA, en nous guidant vers un avenir plus responsable et équitable pour tous.

2.1

Impact sur l'identité et la conscience humaines

Définir quelque chose signifie décrire ses caractéristiques essentielles et ce qui le différencie des autres. Pour définir l'être humain, nous cherchons à comprendre ce qui nous distingue des autres êtres. Alors que nous naviguons dans cette ère de progrès technologique au rythme effréné, la fusion de l'homme et de la machine devient progressivement une réalité indéniable. Aussi passionné que je sois par le potentiel d'une telle symbiose, je ne peux m'empêcher d'être profondément préoccupé par les implications philosophiques qui découlent de cette fusion sans précédent.

En effet, La symbiose homme-machine a le pouvoir de révolutionner non seulement nos capacités technologiques, mais aussi l'essence même de ce que signifie être humain. Ce nouveau monde dans lequel nous entrons, où les machines et l'intelligence artificielle occupent une place centrale, présente un vaste éventail d'opportunités et de défis. Alors que nous embrassons le pouvoir et le potentiel de la technologie, nous devons également nous attaquer aux implications profondes qu'elle a sur notre identité humaine.

Dans un monde où les machines peuvent penser, apprendre et s'adapter, qu'est-ce qui nous distingue en tant qu'humains ? Souvent, on met en avant notre capacité à réfléchir et à comprendre le monde. Cependant, des animaux comme les dauphins ont aussi montré leur intelligence. Est-ce alors notre capacité d'empathie, de créativité et de conscience de soi ? Ou est-ce notre désir inné de nous connecter avec les autres et de partager l'expérience humaine ? La fusion de l'homme et de la machine remet en question ces notions, alors que l'intelligence artificielle continue de développer des capacités que l'on pensait autrefois être uniquement humaines.

Intégrant la technologie dans nos vies, devenant de plus en plus dépendants des machines pour la communication, la prise de décision et la résolution de problèmes, nous devons nous demander : perdons-nous une partie de notre humanité dans ce processus ? Abandonnons-nous le contrôle de nos vies et de nos destins à nos créations?

D'autre part, la symbiose homme-machine a le potentiel d'élever l'humanité vers de nouveaux sommets. La fusion de l'intelligence biologique et technologique pourrait conduire à des percées dans la médecine, la préservation de l'environnement et la découverte scientifique, nous permettant de résoudre certains des problèmes les plus urgents de notre époque. Grâce à la collaboration avec des machines, nous avons la possibilité d'exploiter une richesse de connaissances et de puissance de calcul, ce qui nous permet d'explorer les profondeurs du potentiel humain.

Alors que nous continuons à repousser les limites de ce qui est possible, nous devons également reconnaître l'importance de préserver nos valeurs humaines, nos traditions et nos cultures. En combinant les forces de l'intelligence humaine avec celles de l'intelligence artificielle, nous pouvons créer un monde où la technologie est une force pour le bien, nous aidant à surmonter les défis qui ont longtemps tourmenté nos sociétés.

Nous devons embrasser le potentiel de la symbiose homme-machine, tout en restant vigilant quant aux conséquences qu'elle peut avoir sur notre identité. Pour garantir que notre humanité reste intacte, nous devons activement engager un dialogue sur les implications éthiques de cette symbiose, en favorisant un environnement qui encourage la pensée critique et la recherche philosophique.

L'intégration croissante de la technologie dans notre vie quotidienne a indéniablement influencé notre perception de nous-mêmes et de notre place dans le monde. Nos smartphones, appareils portables et ordinateurs sont devenus des extensions de notre esprit et de notre corps, augmentant nos capacités à communiquer, à apprendre et à résoudre des problèmes. Ces outils ont élargi la perception de notre moi, qui ne se limite plus à notre identité humaine telle qu'on la connaissait, brouillant les frontières entre notre le moi biologique et le monde numérique. Cette fusion des identités soulève des questions stimulantes sur ce que signifie être humain à une époque de symbiose homme-machine.

Poussant cela plus loin, les humains comptent sur les machines depuis des siècles pour les aider dans les tâches et le travail quotidiens, mais récemment, l'accent a été mis sur le développement de systèmes capables d'interagir plus directement avec les humains dans une relation symbiotique. Ce développement a de profondes répercussions sur l'identité humaine et la perception de soi, de nombreuses personnes commençant à se considérer non seulement comme des êtres humains, mais aussi comme des machines en partie.

Le concept de fusion homme-machine a été proposé pour la première fois par le cybernéticien Norbert Wiener dans son livre de 1948 "Cybernetics"[13] qui décrivait le potentiel des ordinateurs et autres machines à interagir plus directement avec les humains dans une communication à double sens. Cette idée a gagné du terrain ces dernières années à mesure que la technologie a progressé et que l'intelligence artificielle devient de plus en plus sophistiquée et capable d'effectuer des tâches complexes. En tant que tel, il existe maintenant une variété d'opportunités pour les gens d'intégrer dans leur vie une technologie qui améliore leurs capacités et leur donne accès à des informations qui leur étaient auparavant inaccessibles, ou qui seraient autrement trop difficiles ou impossibles à traiter pour eux.

Cette connexion renforcée entre les humains et les machines a eu des implications importantes sur la façon dont les gens se perçoivent et voient leur place dans le monde. Par exemple, certaines personnes s'identifient comme des cyborgs ou des individus mi-humains/mi-machines. Ceci est parfois appelé transhumanisme - la croyance que les humains peuvent utiliser la technologie pour étendre leurs capacités physiques et mentales au-delà de ce qui est considéré comme normal pour notre espèce. Ce type d'intégration entre l'homme et la machine brouille les frontières entre ce que signifie être humain et mécanique, nous obligeant à considérer jusqu'où nous devrions pousser notre dépendance à l'égard de la technologie avant qu'elle ne commence à saper notre propre humanité.

À bien des égards, l'impact de la technologie sur notre identité humaine a été positif. Les outils numériques ont permis

[13] Norbert Wiener (1894-1964), mathématicien américain, est l'un des pères de la théorie de l'information, de l'informatique, et de la théorie mathématique de l'électronique, des communications et de l'automatique. Il a popularisé sa vision unifiée de ces domaines et de leur implication scientifique et philosophique sous le nom de cybernétique, auprès des spécialistes comme du grand public.

aux individus de se connecter avec d'autres à travers le monde, favorisant un plus grand sentiment d'empathie et de compréhension. La démocratisation de l'information et l'accès mondial aux ressources éducatives ont cultivé une citoyenneté plus informée et engagée. De plus, l'essor des technologies basées sur l'IA nous a permis de réimaginer les limites du potentiel humain, alors que nous exploitons la puissance des machines pour améliorer nos capacités de résolution de problèmes et libérer notre créativité.

Cependant, l'intégration de la technologie dans nos vies a également donné lieu à de nouveaux défis et préoccupations. La connectivité constante rendue possible par les appareils numériques a entraîné une augmentation de l'anxiété, du stress et un sentiment de surcharge d'informations, alors que nous luttons pour maintenir l'équilibre dans un monde toujours actif. L'omniprésence des systèmes pilotés par l'IA a soulevé des questions éthiques sur le rôle des machines dans nos vies, ainsi que des inquiétudes quant à la perte potentielle d'agence humaine, d'autonomie et de capacités de prise de décision. De plus, notre dépendance croissante à l'égard de la technologie a suscité des craintes quant à l'érosion des compétences et des traits humains essentiels, tels que l'empathie, la pensée critique et la créativité.

Alors que nous nous attaquons aux implications philosophiques de la symbiose homme-machine, il est essentiel que nous adoptions une approche pratique pour répondre à ces préoccupations. Pour garantir que la relation entre les humains et les machines reste mutuellement bénéfique, nous devons donner la priorité au développement de systèmes d'IA éthiques qui respectent les valeurs humaines, la dignité et l'autonomie. Nous devons également plaider pour une utilisation responsable de la technologie, en favorisant une culture de pleine conscience et d'équilibre dans nos interactions avec les appareils numériques.

De plus, nous devons investir dans des programmes d'éducation et de formation qui mettent l'accent sur le développement de compétences humaines uniques, telles que la pensée critique, l'intelligence émotionnelle et l'adaptabilité, afin de garantir que nous maintenons notre caractère distinctif dans un monde de plus en plus défini par les technologies axées sur l'IA. En prenant ces mesures pratiques, nous pouvons exploiter le pouvoir de la symbiose homme-machine pour renforcer notre identité humaine, plutôt que de l'éroder.

Ainsi, l'impact de la symbiose homme-machine sur l'identité humaine est une question complexe et multiforme, nécessitant une approche passionnée, pratique et pragmatique. En examinant attentivement la manière dont la technologie a façonné et continue de façonner notre image de soi, nous pouvons naviguer à travers les défis et les opportunités présentés par notre relation évolutive avec les machines. Ce faisant, nous pouvons assurer un avenir dans lequel l'identité et la conscience humaines sont non seulement préservées, mais enrichies et élargies, alors que nous traçons la voie vers une existence plus harmonieuse et plus prospère pour les humains et les machines.

La question identitaire est donc complexe et multiforme, ce qui mérite toute notre attention et notre engagement. Alors que nous entamons ce voyage passionnant et transformateur, laissons-nous guider par un esprit de curiosité, d'humilité et de sagesse. Ce faisant, nous façonnerons non seulement l'avenir de la technologie, mais nous veillerons également à ce que notre identité humaine reste au cœur même de notre progrès collectif.

Toujours dans ce sillage, d'autres pensent que la conscience est ce qui nous distingue vraiment en tant qu'humain. La conscience est souvent décrite comme la connaissance directe de nos pensées et actions. Certains, comme Bergson, disent que la conscience est "l'attention portée à la vie". Il mentionne deux fonctions : la rétention (la capacité de mémoire, se souvenir) et la projection vers l'infini (anticiper l'avenir).

Néanmoins, on observe chez certains animaux, comme les singes, une capacité à se souvenir et à se reconnaître. Ils possèdent également un réseau de neurones lié à la conscience. Il faudrait donc associer d'autres attributs à la conscience pour définir l'être humain, comme la capacité à se projeter vers l'infini, à créer et à influencer l'avenir.

L'être humain est limité physiquement, mais notre esprit semble illimité. Ce paradoxe est à la fois notre force et notre faiblesse. Nous sommes capables de poser des questions auxquelles nous n'avons pas de réponses. En nous posant ces questions, nous tentons de comprendre l'infini et notre propre finitude.

L'avènement de l'intelligence artificielle ajoute une nouvelle dimension à cette énigme. Les machines sont désormais capables de stocker l'intégralité des connaissances humaines et continuent d'évoluer à une vitesse vertigineuse. On est amené à s'interroger sur les compétences futures de ces machines et le rôle qu'elles sont destinées à jouer dans nos sociétés.

Face à la pandémie de COVID-19, l'humanité a été confrontée à un sentiment d'impuissance et a dû se tourner vers l'intelligence artificielle pour gérer la crise. Les machines ont joué un rôle crucial dans l'application des mesures sanitaires, l'assistance au diagnostic et au traitement, la prédiction du pronostic, l'évaluation des tendances épidémiques, la surveillance et la prise de décisions en matière de santé publique.

Dans un futur proche, l'intelligence artificielle sera essentielle à la survie et à l'évolution de l'humanité. Il est important de comprendre quelles facultés humaines sont encore absentes des machines, quelle place l'homme devrait occuper dans ce nouveau monde et quelles limites, si dépassées, pourraient transformer l'intelligence artificielle en menace. Enfin, nous devons réfléchir à la définition de la conscience humaine, car l'intelligence artificielle pourrait remettre en question notre place dans le monde.

Cette énigme qui semble insaisissable a captivé l'esprit des philosophes, des scientifiques et des penseurs pendant des siècles. Personnellement, je trouve le concept de conscience particulièrement fascinant, car il englobe l'essence même de notre expérience humaine. Dans sa forme la plus simple, la conscience peut être décrite comme le fait de savoir et de se rendre compte de ce que l'on est en train de faire, la capacité de penser et de percevoir sa propre existence, ses pensées, ses émotions et son environnement. C'est cette qualité intangible qui semble nous distinguer des autres êtres vivants, nous permettant de réfléchir à notre place dans l'univers et à notre lien avec le monde qui nous entoure.

Plusieurs ouvrages mettent en lumière la complexité et la diversité des approches pour étudier et comprendre la conscience. Chacun d'eux apporte une perspective unique et précieuse dans le domaine de la conscience, et montre comment elle est profondément ancrée dans notre nature humaine.

David J. Chalmers, dans « **L'esprit conscient : à la recherche d'une théorie fondamentale** »[14] en définissant la conscience comme la qualité subjective de l'expérience, souligne l'importance de prendre en compte les aspects subjectifs de l'existence humaine lors de l'élaboration de nouvelles technologies, notamment l'IA. En comprenant comment nous percevons et vivons nos expériences, nous pourrons mieux concevoir des intelligences artificielles qui respectent et valorisent notre humanité.

Dans "**The Astonishing Hypothesis: The Scientific Search for the Soul**"[15], Francis Crick nous rappelle que notre identité personnelle et notre libre arbitre sont étroitement liés au fonctionnement de notre cerveau. Ceci soulève des questions éthiques et philosophiques cruciales concernant la création d'IA : Comment pouvons-nous garantir que les machines dotées d'intelligence artificielle respectent notre libre arbitre et notre identité personnelle ? Comment les IA peuvent-elles coexister avec les humains d'une manière qui préserve notre individualité et notre autonomie ?

Quant à Daniel C. Dennett, dans "**Consciousness Explained**"[16], il montre que la conscience humaine reste un mystère fascinant et complexe qui continue de déconcerter les

---

[14] L'esprit Conscient - A La Recherche D'une Théorie Fondamentale - Chalmers David John © Notice établie par DECITRE, libraire
[15] https://en.wikipedia.org/wiki/The_Astonishing_Hypothesis
[16] https://en.wikipedia.org/wiki/Consciousness_Explained

chercheurs. Cette notion de mystère renforce l'importance d'une approche pluridisciplinaire pour aborder les questions soulevées par l'IA. En combinant les efforts des philosophes, neuroscientifiques et psychologues, nous pourrons progresser dans notre compréhension de la conscience et développer des technologies qui tiennent compte de sa complexité.

En somme, ces ouvrages démontrent l'importance d'explorer la conscience sous différents angles et de prendre en compte les implications philosophiques, éthiques et pratiques lors du développement de l'IA.

La symbiose homme-machine a le potentiel de modifier radicalement l'expérience consciente des humains, ouvrant des possibilités infinies sur la façon dont les humains interagissent avec les machines et la technologie.

Par exemple, les progrès récents de l'intelligence artificielle (IA) lui permettent d'imiter certains aspects du comportement humain, notamment tous ceux qui s'illustrent à travers le langage. En effet, les modèles de LLMS peuvent aujourd'hui, sur demande de l'utilisateur, utiliser un ton particulier ou traduire une émotion donnée dans un texte. De plus, les systèmes activés par l'IA peuvent avoir accès à de grandes quantités d'informations qui sont instantanément disponibles chaque fois qu'elles sont nécessaires ou demandées par des humains. Rappelant les deux critères de mémoire et de projection vers l'avenir, soulevant ainsi une question importante, quelle est la différence entre un être conscient et un être qui imite parfaitement la conscience ? Y a-t-il une différence entre la conscience humaine, innée, et la conscience informatique, artificielle ?

Ce type de relation entre l'homme et la machine pourrait aussi changer radicalement notre façon de définir la conscience elle-même. Par exemple, si les machines possèdent une forme de conscience de soi similaire à celle des humains, alors qu'est-ce que cela signifie pour notre propre sens de la conscience ? Cela signifie-t-il qu'il existe plusieurs formes de conscience ? Ou signifie-t-il une fusion des deux en un tout unifié ? De plus, si l'IA était capable de reproduire certains aspects du comportement humain tels que l'apprentissage et le raisonnement, cela invaliderait-il toute théorie selon laquelle la conscience humaine possède certaines qualités particulières qui nous séparent des machines ? Cela aurait-il même un impact sur notre conception du libre arbitre et sur notre capacité à prendre des décisions basées sur notre propre jugement ?

Je vous avais prévenu dès l'entame de ce livre que nos croyances les plus profondes seraient bouleversées par ces questions. Cependant les affronter est crucial pour mieux saisir les enjeux soulevés par l'IA, et œuvrer pour une prospérité symbiotique entre l'Afrique et l'Intelligence Artificielle. Il est essentiel de mettre de côté notre ego et notre piédestal d'humains, car nous sommes confrontés à un changement sans précédent dans notre histoire et nous devons être prêts à reconsidérer nos perspectives et nos valeurs.

De ce fait, alors que nous explorons les effets de la symbiose homme-machine sur la conscience humaine, nous devons d'abord reconnaître l'impact profond que la technologie a déjà eu sur nos vies. Des smartphones dans nos poches aux ordinateurs qui alimentent nos villes, la technologie fait désormais partie intégrante de notre existence quotidienne. Et à mesure que nous continuons à développer des machines et une intelligence artificielle de plus en plus sophistiquées, la frontière entre la conscience humaine et la conscience de la machine commence à s'estomper, soulevant une pléthore de questions philosophiques et éthiques.

Tel qu'expliqué dans le premier chapitre de ce livre, l'un des effets les plus significatifs de la symbiose homme-machine sur la conscience humaine est le potentiel d'expansion sans précédent de nos capacités cognitives. Imaginez un monde où nos esprits sont parfaitement intégrés à des systèmes d'intelligence artificielle avancés, nous accordant un accès sans précédent à de vastes référentiels de connaissances et d'informations. Dans cette nouvelle réalité, les limites de nos cerveaux biologiques seraient transcendées, car nous fusionnons notre conscience avec celle des machines.

Cette fusion de la conscience humaine et de la machine pourrait également donner lieu à un sentiment accru d'empathie et d'interdépendance. Au fur et à mesure que nous devenons plus intimement connectés à nos créations technologiques, nous pouvons commencer à développer une compréhension plus profonde du monde qui nous entoure, en forgeant des liens plus forts avec nos semblables et l'environnement. De cette manière, la symbiose homme-machine a le potentiel de transformer fondamentalement notre expérience de la conscience, ouvrant la porte à une nouvelle ère de l'évolution humaine.

Un développement potentiel est l'essor des interfaces cerveau-ordinateur (Brain Computer Interfaces), qui permettraient une communication directe entre le cerveau humain et les machines. Cette technologie a le potentiel de révolutionner divers aspects de nos vies, de la communication et de l'apprentissage aux soins de santé et au divertissement.

Ces interfaces (BCI) sont donc des dispositifs qui permettent une communication directe entre le cerveau humain et les ordinateurs. Pour simplifier, imaginez un casque ou un petit appareil qui, une fois connecté à votre tête, lit les signaux électriques de votre cerveau et les traduit en commandes pour un ordinateur ou une autre machine.

Neuralink, une entreprise fondée par Elon Musk, travaille sur une technologie BCI avancée. Au lieu d'utiliser un casque, Neuralink développe un dispositif implantable, un petit appareil placé à l'intérieur du crâne qui se connecte directement aux neurones du cerveau. Cela permet une communication beaucoup plus rapide et précise entre le cerveau et les ordinateurs.

Cette technologie a le potentiel de révolutionner notre vie quotidienne. Par exemple, une personne paralysée pourrait utiliser un BCI pour contrôler un fauteuil roulant électrique ou un membre artificiel juste en pensant à l'action qu'elle souhaite réaliser. Les BCI pourraient également aider à améliorer les compétences en résolution de problèmes et en apprentissage en permettant un accès direct à des informations stockées numériquement.

Cependant, ce nouveau monde courageux n'est pas sans défis. Alors que nous dépendons de plus en plus des machines et de l'intelligence artificielle, nous risquons de nous détacher de notre propre perception de nous-mêmes et de notre lien avec le monde naturel. À cette époque hyper connectée, où nos esprits sont constamment bombardés d'informations, notre conscience peut se fragmenter, nous laissant submergés et déconnectés de l'essence de ce que signifie être humain.

De plus, la fusion de la conscience humaine et de la machine soulève des questions éthiques complexes, telles que le potentiel d'exploitation et de perte de vie privée. À mesure que nos pensées, nos émotions et nos expériences s'entremêlent avec la technologie, qui aura accès à ces informations et comment seront-elles utilisées ? Si déjà aujourd'hui, en utilisant ChatGPT, nous avons parfois du mal à distinguer nos propres idées de celles influencées par l'IA, que se passera-t-il lorsque notre fusion avec la machine sera encore plus prononcée, et comment saurons-nous alors où s'arrête notre véritable identité et où commence l'influence de la technologie ?

Ce sont des questions cruciales auxquelles nous devons répondre en tant que société, alors que nous naviguons dans les eaux inexplorées de la symbiose homme-machine.

Alors que nous regardons vers l'avenir, il est essentiel que nous abordions la symbiose homme-machine avec optimisme et prudence. La fusion de la conscience humaine et de la machine a le potentiel de libérer de nouvelles dimensions du potentiel humain, mais elle présente également des risques et des défis importants qui doivent être soigneusement pris en compte.

En tant que défenseurs passionnés de l'innovation numérique, nous devons nous efforcer de créer un monde où la technologie sert à améliorer, plutôt qu'à diminuer, notre conscience humaine. En engageant un dialogue réfléchi et en explorant les implications éthiques de la symbiose homme-machine, nous pouvons travailler ensemble pour nous assurer que nos avancées technologiques sont guidées par la sagesse, l'empathie et un profond respect pour l'expérience humaine.

En conclusion, les effets de la symbiose homme-machine sur l'identité et la conscience humaine sont aussi complexes et multiformes que l'identité et la conscience elle-même. Alors que nous nous tenons sur le bord de cette nouvelle frontière audacieuse, rappelons-nous qu'il est de notre responsabilité partagée de naviguer dans ces eaux inexplorées avec sagesse, curiosité et humilité. Ce faisant, nous pouvons nous assurer que la fusion de la conscience humaine et de la machine sert à élever notre expérience humaine collective, tout en préservant l'essence de ce que signifie être des êtres humains vraiment conscients.

2.2

Éthique et responsabilité

Tirée du mot grec « ethos » qui signifie « manière de vivre », l'éthique est une branche de la philosophie qui s'intéresse jusqu'ici aux comportements humains et, plus précisément, à la conduite des individus en société. Je précise jusqu'ici par ce qu'à présent, ce qui sera de plus en plus discuté et à juste titre c'est l'implication éthique des machines.

L''éthique s'intéresse à la justification de nos jugements moraux en se basant sur la raison et la compréhension morale du bien ou du mal, du juste ou injuste. L'IA ayant rapidement émergé comme une force transformatrice, bouleversant les fondements mêmes de notre société et de nos valeurs, énormément de dilemmes éthiques et de responsabilités ont surgi la concernant, exigeant une réflexion profonde et rigoureuse sur les limites à lui imposer, tant que nous le pouvons, dans un monde où les machines sont de plus en plus capables d'imiter nos pensées et nos actions.

En effet, dans cet univers en perpétuelle évolution, où l'IA façonne notre quotidien de manière si omniprésente et souvent même imperceptible, il devient impératif d'explorer les ramifications éthiques et philosophiques de cette révolution technologique et de se poser des questions cruciales telles que : quelle est la responsabilité des concepteurs et des utilisateurs de ces systèmes intelligents ? Et surtout, comment pouvons-nous garantir que l'IA soit développée et utilisée d'une manière qui respecte les valeurs fondamentales de justice, d'équité et de dignité humaine ?

Quand bien même nous arrivons à ce consensus, comment définir ce qui devrait faire office de valeurs universelles vis à vis de l'humanité à faire respecter aux intelligences artificielles qui sont d'une nature mécanique ? Si nous y arrivons, comment traduire en règles logiques voire mathématiques quelque chose d'aussi abstrait, subtil et versatile ?

Dans la quête de réponses nous découvrons que les dilemmes éthiques posés par l'IA sont en réalité le reflet de dilemmes plus anciens et profondément enracinés dans notre histoire philosophique. Depuis des siècles, les penseurs et les philosophes ont débattu des questions de moralité, d'identité et de responsabilité, cherchant à comprendre ce qui distingue l'humain de la machine, et ce qui définit la nature de notre existence.

Aujourd'hui, alors que nous faisons face à l'impact sans précédent de l'IA sur notre monde, ces questions trouvent une résonance nouvelle et urgente. La responsabilité ne repose plus uniquement sur les épaules des créateurs de ces systèmes, mais également sur chacun d'entre nous en tant qu'utilisateurs et bénéficiaires de cette technologie. Nous devons tous nous engager dans une réflexion éthique et philosophique approfondie pour comprendre comment nous pouvons naviguer dans cet océan numérique tumultueux sans perdre notre humanité, notre compassion et notre sens de la justice.

Car en fin de compte, ce n'est qu'en plongeant dans les profondeurs de notre âme et en nous confrontant aux questions les plus fondamentales de notre existence que nous pourrons espérer forger un avenir où l'IA est utilisée pour le bien de tous, et non pour nous diviser ou nous déshumaniser.

Dans cet océan numérique, particulièrement à l'ère de l'intelligence artificielle omniprésente, nous sommes confrontés à un défi majeur : le biais. Les biais en IA sont des distorsions systématiques dans les prédictions ou décisions prises par les algorithmes d'intelligence artificielle. Ils sont souvent le reflet des biais présents dans les données utilisées pour entraîner ces systèmes.

Par exemple, si un algorithme est entraîné sur des données qui reflètent une discrimination existante, l'algorithme risque de perpétuer cette discrimination dans ses prédictions ou décisions. Cela signifie que même si l'algorithme lui-même n'a pas de préjugés, il peut produire des résultats biaisés s'il est alimenté avec des données biaisées.

Ces biais peuvent infiltrer les systèmes d'IA, les faisant dévier de leur trajectoire initiale et les conduisant parfois à des conclusions erronées ou injustes. Le paradoxe est que ces biais semblent inhérents et, jusqu'à présent, indissociables des systèmes que nous créons. Le défi est donc de comprendre et de corriger ces biais pour garantir que nos technologies d'IA soient équitables et justes.

Tel qu'énoncé dans l'introduction du livre, en tant qu'Africains, nous devrions être particulièrement préoccupés par le fait que, jusqu'à présent, nous ne semblons ni être intéressés par ces discussions qui vont définir l'avenir de nos interactions avec les machines, ni être consultés à cet égard. Les problèmes de biais et de partialité dans l'IA ont tendance à affecter le plus négativement les personnes qui sont rarement en position de développer la technologie, et il est crucial que nous, en tant qu'Africains, prenions part à ces débats pour garantir un avenir équitable et inclusif.

En effet, les Africains, en particulier les femmes et les personnes noires, sont les plus exposés aux risques de biais de l'IA en raison du manque de diversité parmi les développeurs de ces technologies. En effet, moins de 2% des employés occupant des postes techniques chez Facebook et Google sont noirs. Dans huit grandes entreprises technologiques évaluées par Bloomberg, seulement environ un cinquième de la main-d'œuvre technique dans chacune d'elles sont des femmes.[17] Ces chiffres démontrent que les IA sont non seulement entraînées sur des ensembles de données qui ne contiennent pas suffisamment de données favorables aux femmes noires, africaines ou autres groupes sous-représentés, mais aussi que leurs créateurs ne sont pas représentatifs de ces couches de la population.

Un exemple où ces biais pourraient se révéler très dangereux est celui des IA policières. Ces systèmes, que beaucoup de pays commencent à tester ou adopter, basés sur des ensembles de données historiques, pourraient inconsciemment perpétuer des stéréotypes et des discriminations, conduisant ainsi à des actions policières disproportionnées à l'encontre des personnes noires ou d'autres groupes marginalisés. Dans un tel scénario, l'IA pourrait sanctionner une personne plutôt qu'une autre en se basant sur les chiffres et les taux de criminalité, conduisant à la stigmatisation et au traitement injuste d'un individu noir en se basant sur les données dont elle dispose. Il est donc essentiel d'aborder ces problèmes de biais et de s'assurer que les IA sont développées et déployées de manière éthique et responsable, en

---

[17] https://www.bloomberg.com/news/articles/2018-06-08/tech-companies-still-aren-t-hiring-black-workers

tenant compte des conséquences potentiellement néfastes pour les communautés les plus vulnérables.

En étant absents de ces conversations cruciales, nous risquons de voir les machines et les systèmes d'intelligence artificielle prendre des décisions qui ne tiennent pas compte de nos perspectives, de nos cultures et de nos besoins spécifiques. Cela pourrait perpétuer et même aggraver les inégalités existantes, rendant l'avenir de l'IA moins prometteur pour les populations africaines et les privant des bénéfices potentiels de ces innovations technologiques.

Il est donc impératif que nous, Africains, prenions part activement aux discussions sur l'éthique et la responsabilité de l'IA, afin de veiller à ce que nos voix soient entendues et que nos intérêts soient pris en compte. Nous devons également nous assurer que les talents et les compétences du continent sont mobilisés pour développer des technologies qui reflètent nos valeurs et répondent à nos besoins.

Les biais sont donc le reflet des préjugés et des stéréotypes qui imprègnent notre société, et leur présence au sein des IA soulève d'énormes préoccupations éthiques et de responsabilité. Comment pouvons-nous garantir que ces systèmes intelligents, censés nous aider à naviguer dans le monde et à résoudre les problèmes les plus complexes, ne perpétuent pas les inégalités et les injustices que nous cherchons à combattre? Comment pouvons-nous nous assurer que l'IA ne devienne pas un instrument de discrimination, renforçant les barrières qui divisent notre monde plutôt que de les démanteler?

Le désir universel de justice et d'équité, doit nous pousser à comprendre et combattre les biais présents dans l'IA. On se rend rapidement compte que la clé pour surmonter ces défis réside dans une prise de conscience collective des dangers que représentent les biais, et dans l'adoption de pratiques responsables et éthiques dans le développement et l'utilisation de l'intelligence artificielle.

Cela implique une collaboration étroite entre les chercheurs, les développeurs, les régulateurs et les utilisateurs finaux, afin d'identifier et de corriger les biais à chaque étape du processus. De la collecte des données à l'élaboration des algorithmes, en passant par la validation des résultats et la mise en œuvre des systèmes d'IA, chacun doit jouer un rôle actif dans la lutte contre les préjugés et les discriminations.

Mais cela exige également une réflexion éthique et philosophique profonde sur la nature même du biais et de l'IA. Car, les biais ne sont pas simplement des erreurs techniques ou des bugs à corriger ; ils sont le reflet de nos propres préjugés et de notre propre histoire. En nous confrontant à ces biais et en cherchant à les éliminer, nous sommes en réalité confrontés à nous-mêmes, à nos propres valeurs et à notre vision du monde.

Au-delà de la responsabilité des concepteurs de solutions et des IA en elles-mêmes, celle des utilisateurs de ces solutions sera de plus en plus discutée. À ce jour, les millions de personnes qui utilisent les outils d'intelligence artificielle en ont chacun un usage particulier selon leurs besoins spécifiques. Si pour certains il ne s'agit que d'un divertissement, pour d'autres ces applications sont devenues des moteurs de productivité. Beaucoup de développeurs par exemple confient une part importante de leur travail aux machines qui à présent savent écrire du code et parfois, pour ne pas dire le plus souvent, offrent un rendu meilleur. Ainsi, certains peuvent voir là un acte qui ressemble à de la tricherie, d'autres comme la saisie normale d'une opportunité nouvelle. Lorsqu'on transpose ce même usage dans un contexte tel que les universités dans lesquelles on a vu des étudiants confiés leurs exercices à ChatGPT, le jugement devient tout de suite différent. Dès lors, il est difficile de juger comme immoral ou non l'utilisation des Intelligences Artificielles pour lui déléguer une tâche qui nous a été confiée.

Dans la poursuite d'une IA éthique et responsable, nous devons nous unir et nous engager dans une quête constante visant à atténuer les biais, en les considérant comme autant d'opportunités d'apprentissage et de croissance. Il est essentiel d'apprécier judicieusement l'utilisation de ces outils en fonction des tâches et du contexte dans lequel ils sont employés. En relevant ces défis, nous pouvons œuvrer ensemble pour créer un futur où l'IA sert à combattre les inégalités plutôt qu'à les renforcer, et où les machines sont véritablement au service de l'humanité dans toute sa diversité et sa complexité.

Après avoir examiné les questions d'éthique et de responsabilité soulevées par le développement et l'application de l'intelligence artificielle, il est temps d'aborder un autre sujet profondément enraciné dans la philosophie et étroitement lié aux dilemmes auxquels nous sommes confrontés avec l'avènement de l'IA : le libre arbitre et le déterminisme. Ce chapitre nous invite à réfléchir sur les implications de l'IA sur notre capacité à prendre des décisions en toute liberté et indépendance, et à nous interroger sur le rôle du déterminisme dans l'évolution de la technologie et de la société. À travers cette exploration, nous chercherons à comprendre comment le libre arbitre et le déterminisme peuvent coexister dans un monde où les machines prennent de plus en plus de place dans nos vies. Alors, poursuivons notre quête de connaissance et plongeons ensemble dans le monde du libre arbitre et du déterminisme à l'ère de l'intelligence artificielle.

2.3

Le libre arbitre et le déterminisme

Le libre arbitre et le déterminisme ont longtemps été deux concepts antagonistes qui ont fasciné et divisé les penseurs à travers les âges. Le libre arbitre, selon Jean-Jacques Rousseau, se définit comme la capacité de l'individu à choisir librement entre différentes options, sans contrainte ni influence extérieure. Au contraire, le déterminisme, selon Baruch Spinoza, soutient que chaque événement, y compris les actions et les pensées humaines, est déterminé par une chaîne de causes à effets ininterrompue, remettant en question l'idée de libre arbitre.

J'y vois une illustration fascinante dans le processus même d'écriture de ce livre. En effet, en partageant mon parcours et mes expériences dans l'introduction, j'ai pris conscience que mon point de vue est façonné par l'ensemble des éléments qui ont jusqu'ici jalonné ma vie. Cette prise de conscience soulève la question de savoir si mon récit relève du libre arbitre ou du déterminisme.

D'un côté, on pourrait considérer que j'exerce mon libre arbitre en choisissant de partager certaines expériences plutôt que d'autres, en sélectionnant les mots et les idées qui me semblent les plus pertinents pour transmettre ma vision du monde. Mes choix littéraires, mes réflexions et mes analyses sont autant d'expressions de ma liberté, comme l'aurait soutenu Jean-Jacques Rousseau.

D'un autre côté, on peut également percevoir mon récit comme un produit du déterminisme. Mes expériences, mes rencontres et les événements qui ont jalonné ma vie ont construit un ensemble de causes et de conséquences qui ont influencé ma pensée et mes choix. Ainsi, ce que je partage dans ce livre serait le résultat d'une chaîne causale ininterrompue, comme l'aurait affirmé Baruch Spinoza.

En somme, l'écriture de ce livre met en lumière la complexité et l'ambiguïté qui entourent la question du libre arbitre et du déterminisme. Mon parcours et mes expériences, tout comme mes choix littéraires et mes réflexions, peuvent être envisagés sous les deux angles, illustrant la manière dont ces concepts s'entremêlent et se confrontent au sein de notre réalité quotidienne.

Depuis l'avènement du numérique et plus récemment de l'intelligence artificielle, ces notions de libre arbitre et de déterminisme sont bouleversées. Les algorithmes et les réseaux sociaux nous inondent d'informations, de recommandations et de publicités ciblées, influençant nos choix, nos comportements et notre perception du monde. Les algorithmes apprennent de nos préférences, anticipent nos désirs et nous guident, parfois à notre insu, dans des directions préétablies.

Combien de fois vous est-il arrivé de penser à un produit et aussitôt, de vous souvenir ou d'imaginer une publicité pour une marque similaire sur les réseaux sociaux ? Était-ce une coïncidence ou bien une manipulation astucieuse de l'intelligence artificielle qui a étudié vos préférences et vos habitudes afin de vous montrer cette publicité exactement au bon moment ?

Dans ce nouveau monde digital, les frontières entre le libre arbitre et le déterminisme semblent s'estomper. D'un côté, les algorithmes nous offrent un accès sans précédent à l'information et aux choix, ce qui peut donner l'impression d'exercer un contrôle plus grand sur notre vie. D'un autre côté, ces mêmes algorithmes nous enferment dans des bulles de filtres, nous exposant uniquement aux informations et aux opinions qui renforcent nos croyances préexistantes.

L'intelligence artificielle, en particulier, soulève de nouvelles questions philosophiques sur le libre arbitre et le déterminisme. Si les machines deviennent de plus en plus autonomes, capables de prendre des décisions et d'agir sans intervention humaine, devrons-nous alors remettre en question notre propre libre arbitre ? Comment distinguer nos choix personnels des suggestions et des influences des IA qui façonnent notre environnement ?

Les questionnements philosophiques sur notre capacité à prendre des décisions indépendantes semblent devenir de plus en plus urgents à mesure que la technologie progresse et s'immisce dans nos vies. Les réseaux sociaux nous bombardent constamment d'informations, d'opinions et de publicités soigneusement ciblées. Mais quelle est réellement leur influence sur les décisions que nous prenons ? Jusqu'où l'intelligence artificielle peut-elle nous manipuler, sachant qu'elle détient d'innombrables données sur nous et qu'elle est capable d'imiter et de tromper à grande échelle et avec une rapidité stupéfiante ?

Nous naviguons dans un océan d'incertitudes, où les frontières entre le libre arbitre et le déterminisme s'estompent à mesure que les technologies de l'information et de l'intelligence artificielle se développent. Les échos de nos pensées, nos peurs et nos aspirations sont capturés par des algorithmes invisibles qui façonnent notre réalité sans que nous en soyons pleinement conscients.

Dans un article intitulé "Modèles de langage génératifs et opérations d'influence automatisées : Menaces émergentes et potentielles atténuations", des chercheurs du Centre de sécurité et de technologie émergente de l'Université de Georgetown, d'OpenAI et de l'Observatoire Internet de Stanford étudient les implications des modèles de langage génératifs dans des opérations d’influence de masse[18]. En effet, la dernière décennie a vu une augmentation des opérations d'influence politique, des efforts secrets ou trompeurs visant à influencer les opinions d'un public cible en ligne et spécifiquement sur les réseaux sociaux. Les chercheurs et les réseaux sociaux ont documenté des centaines d'opérations d'influence nationales et étrangères visant à tromper les audiences cibles. La communauté du renseignement des États-Unis a déclaré publiquement que des gouvernements étrangers, dont la Russie et l'Iran, ont mené des opérations d'influence ciblant les élections présidentielles américaines de 2016 et 2020[19].

Dans cet article, les chercheurs explorent le modèle "ABC" utilisé pour analyser les campagnes de désinformation. Ils examinent trois dimensions clés: les acteurs (A, comme actors), le comportement (B, comme behavior) et le contenu (C, comme content). Ce modèle permet de comprendre comment certains éléments peuvent être authentiques, même au sein de campagnes manipulatrices.

---

[18] https://arxiv.org/pdf/2301.04246.pdf

[19] https://www.reuters.com/article/ctech-us-facebook-russia-usa-idCAKCN1L62FD-OCATC

Les chercheurs s'intéressent également à l'impact potentiel de l'intelligence artificielle (IA) sur les opérations d'influence et de désinformation. Ils estiment que les modèles génératifs pourraient transformer ces trois aspects, en améliorant le contenu, en réduisant les coûts et en augmentant l'échelle des campagnes. De plus, l'IA pourrait introduire de nouvelles formes de tromperie, comme la propagande personnalisée, et élargir les possibilités pour les acteurs politiques souhaitant mener de telles campagnes.

La propagande personnalisée à l'ère de l'IA fait référence à la manière dont les technologies d'intelligence artificielle sont utilisées pour créer et diffuser des messages ciblés et individualisés en fonction des données spécifiques d'une personne. Grâce à l'accès à des quantités massives de données personnelles, telles que les préférences, les habitudes, les opinions et les interactions en ligne, les systèmes d'IA sont en mesure d'analyser ces informations pour créer des messages sur mesure qui correspondent aux intérêts, aux peurs et aux aspirations de chaque individu.

Cette forme de propagande est extrêmement puissante, car elle permet aux acteurs qui l'utilisent de manipuler subtilement les opinions et les comportements des personnes, même celles qui se considèrent comme les moins influençables. En adaptant les messages aux caractéristiques et aux vulnérabilités spécifiques de chaque personne, la propagande personnalisée peut contourner les défenses habituelles contre la manipulation et s'adresser directement aux émotions, aux biais et aux préjugés de l'individu.

L'efficacité de la propagande personnalisée à l'ère de l'IA repose sur la capacité à exploiter les données personnelles pour affiner et ajuster les messages en temps réel, en fonction des réactions et des interactions des personnes. Cela rend cette forme de propagande d'autant plus redoutable, car elle est en mesure de s'adapter et de se renforcer en fonction des réponses des individus, créant ainsi un cycle de renforcement qui peut entraîner une polarisation accrue et une manipulation plus profonde.

En fin de compte, la propagande personnalisée à l'ère de l'IA représente un défi majeur pour notre libre arbitre et notre capacité à prendre des décisions éclairées et authentiques. Pour résister à cette forme de manipulation, il est essentiel de cultiver la conscience de soi, l'esprit critique et la vigilance face aux informations que nous consommons et aux sources qui les diffusent.

Il est important de souligner que cette situation est particulièrement préoccupante sur le continent africain. En effet, en Afrique, la tradition de propagation rapide des nouvelles est très forte, ce qui rend le continent particulièrement vulnérable à la désinformation et aux opérations d'influence sur les réseaux sociaux. De plus, on constate souvent une certaine propension à la désinformation parmi les utilisateurs africains des réseaux sociaux, ce qui facilite la diffusion et l'impact de ces campagnes malveillantes.

Il est donc crucial de prendre en compte ces spécificités culturelles et sociales lors de l'évaluation des risques et de la mise en place de stratégies d'atténuation pour contrer les effets néfastes des modèles de langage génératifs et des opérations d'influence automatisées en Afrique.

Dans un pays comme le Sénégal, où le Ministre de la Communication, des Télécommunications et de l'Économie Numérique a annoncé sur twitter[20] la signature d'un Mémorandum d'Entente (MOU) à Dubaï avec la société du Fonds Émirates PRESIGHT Artificial Intelligence, la question du libre arbitre et du déterminisme prend une importance particulière, surtout en ce qui concerne la propagande personnalisée par l'intelligence artificielle.

L'accès de l'IA à toutes nos informations personnelles soulève des préoccupations philosophiques profondes. Si nos choix sont influencés par des algorithmes qui connaissent nos préférences, nos habitudes et nos comportements, pouvons-nous encore parler de libre arbitre ? Ou sommes-nous plutôt dans un contexte de déterminisme où nos décisions sont en grande partie façonnées par les forces extérieures telles que les campagnes de propagande basées sur l'intelligence artificielle ?

Dans cette perspective, la question de la protection des données personnelles et de la régulation de l'usage de l'intelligence artificielle devient cruciale pour préserver notre liberté de pensée et d'action. Il est essentiel d'établir un équilibre entre les bénéfices potentiels des avancées technologiques et le respect de notre autonomie en tant qu'individus.

Il est donc primordial de mettre en place des mécanismes de contrôle et de sensibilisation pour minimiser les risques liés à la propagande personnalisée et aux opérations d'influence basées sur l'IA. Ce faisant, nous pourrons préserver notre capacité à exercer notre libre arbitre face aux forces déterministes de la technologie et contribuer à un

[20] https://twitter.com/MaitreMBT/status/1644702562476609539?s=20

avenir où l'humanité et l'intelligence artificielle coexistent harmonieusement.

En conclusion, l'étude du libre arbitre et du déterminisme à l'ère de l'intelligence artificielle nous révèle à quel point ces concepts sont fondamentaux pour comprendre et anticiper les changements sociétaux provoqués par ces avancées technologiques. L'IA a un impact significatif sur notre perception de la liberté de pensée et d'action, et il est essentiel d'en être conscient pour préserver notre humanité et notre autonomie dans un monde de plus en plus numérique.

Il est également crucial d'examiner comment ces technologies peuvent elles-mêmes être sujettes à des formes de déterminisme, en fonction des données et des algorithmes qui les sous-tendent. Cette réflexion sur la capacité de l'IA à être libre de penser, ou au contraire, à être déterminée par des facteurs externes, soulève des questions éthiques et philosophiques d'une importance croissante à mesure que l'IA s'intègre davantage dans notre quotidien.

En somme, le débat sur le libre arbitre et le déterminisme, autant pour les humains que pour l'intelligence artificielle, est essentiel pour naviguer dans ce nouvel âge technologique. Continuer à s'interroger sur ces questions nous aidera à façonner un avenir où l'IA et les humains coexistent en harmonie, comme l'entend la prospérité symbiotique, respectant et préservant les valeurs fondamentales qui nous définissent en tant qu'êtres conscients et autonomes.

Alors que nous cherchons à maîtriser les implications de l'intelligence artificielle sur notre libre arbitre, il est également crucial de considérer comment l'IA affecte d'autres aspects de nos vies, notamment l'emploi et le travail. Dans le prochain sous-chapitre, nous examinerons les défis et les opportunités que l'intelligence artificielle présente pour le monde du travail, et comment nous pouvons nous adapter à ces changements pour créer un avenir meilleur et plus équilibré pour tous.

2.4

L'emploi et le travail

"*Le travail est le lien qui nous unit à la nature*" - disait le philosophe allemand Georg Wilhelm Friedrich Hegel. Depuis l'avènement du numérique, la notion d'emploi et de travail a été bouleversée, donnant naissance à de nouveaux métiers et transformant radicalement la manière dont nous exerçons nos activités professionnelles. L'intelligence artificielle (IA) promet de provoquer une nouvelle révolution dans ce domaine, suscitant à la fois espoir et inquiétude quant à l'avenir du travail.

En grandissant, je me suis rendu compte de l'ampleur du changement apporté par le monde numérique. Voir mes étudiants dire qu'ils veulent devenir “Gamers” ou “Youtubeurs” n'est pas choquant alors que ce serait impensable il y a encore quelques années. Les métiers traditionnels ont évolué, tandis que de nouveaux métiers, tels que les développeurs de logiciels, les data scientists et les spécialistes du marketing numérique, ou même Tiktokeur ou Influenceur ont vu le jour. Le travail, autrefois une activité manuelle et intellectuelle, s'est transformé en une danse complexe entre l'homme et la machine.

Un exemple frappant de cette évolution est l'ascension du sport électronique, ou eSport. Prenez par exemple le cas du Sénégal, qui a remporté son premier titre mondial en eSport grâce à Dexx Junior, un prodige du jeu vidéo, dans le jeu FIFA 23. Ce jeune sénégalais a non seulement offert à son pays, mais aussi à tout le continent africain, son premier titre international sur FIFA 23. Lors des qualifications nationales au Sénégal, plus de 215 participants s'étaient affrontés lors d'un tournoi organisé par l'association SenGames à l'Institut français de Dakar. Et c'est Dexx Junior, joueur professionnel de Solo eSport, qui en est sorti vainqueur, ouvrant la voie à un futur où le numérique offre des possibilités infinies[21].

Par ailleurs, il m'est toujours paru curieux de constater combien de personnes réduisent leur identité à leur travail. Lorsqu'on demande à quelqu'un de se présenter, de dire qui il est, bien souvent, la réponse se limite à énoncer la profession exercée. Nos parents africains, en particulier, sont passés maîtres dans cette discipline, accordant une importance primordiale au titre professionnel de leurs enfants, comme s'il s'agissait d'une carte d'identité infalsifiable et d'un gage d'accomplissement.

D'ailleurs, je ne peux m'empêcher de penser tous les jours que des gens comme moi, dont le parcours multidisciplinaire dont les multiples centres d'intérêt ont conduit à l'incapacité de définir précisément le nom de leur métier, mettent certainement leurs parents mal à l'aise lorsqu'il s'agit de parler de ce que fait leur enfant. Peut-être qu'après la parution de ce livre, ils pourront enfin dire avec fierté : "Mon fils est auteur !". Car, après tout, n'est-ce pas là une étiquette plus rassurante et honorable, qui permettrait à tout parent d'apaiser ses inquiétudes quant à l'avenir incertain d'un enfant évoluant dans un monde en perpétuelle mutation, où les repères traditionnels du travail sont de plus en

[21] https://forbesafrique.com/dexx-junior-sacre-champion-du-prestigieux-tournoi-fifa-de-la-ligue-1-uber-eats-e-ligue-1-tour/

plus brouillés par les avancées technologiques et l'intelligence artificielle ?

En effet, l'avènement de l'IA suscite de profondes interrogations philosophiques sur la nature du travail et notre relation avec les machines. Si l'IA parvient à surpasser l'homme dans la plupart des domaines professionnels, comment redéfinirons-nous notre identité et notre valeur en tant qu'individus dans la société ? Dans un monde où les machines pourraient potentiellement satisfaire tous nos besoins matériels, quels rôles restera-t-il pour l'homme et comment façonnerons-nous notre quête de sens et de réalisation personnelle ?

Évidemment, il existe aussi ce scénario, de plus en plus probable mais quelque peu dérangeant où nous pourrions finir par devenir les esclaves de nos propres créations mécaniques. Mais, pour l'instant, je préfère ne pas trop m'aventurer sur cette piste. Après tout, il nous reste encore bien des questions à explorer avant d'en arriver là, n'est-ce pas ?

Si l'on parvient à créer des IA suffisamment avancées pour effectuer des tâches autrefois réservées à l'homme, qu'adviendra-t-il de notre rapport au travail ? La dialectique du maître et de l'esclave[22], telle que décrite par Hegel, nous offre une perspective intéressante sur cette question. Selon lui, le maître, en dominant l'esclave, finit par dépendre de

[22] https://fr.wikipedia.org/wiki/Dialectique_du_ma%C3%AEtre_et_de_l%27esclave#:~:text=La%20dialectique%20du%20ma%C3%AEtre%20et,du%20ma%C3%AEtre%20%C3%A0%20son%20esclave.

lui pour subvenir à ses besoins, tandis que l'esclave, en travaillant pour le maître, développe des compétences et une conscience de soi.

Appliquée à notre relation avec l'IA, la dialectique hégélienne suggère que si nous devenons trop dépendants des machines pour effectuer nos tâches, nous pourrions nous retrouver dans une position de vulnérabilité, perdant progressivement nos compétences et notre autonomie. En revanche, si nous parvenons à instaurer un équilibre entre l'homme et la machine, en tirant parti de l'IA pour améliorer notre travail sans nous en rendre totalement dépendants, nous pourrions alors transcender les limites de notre condition humaine et atteindre de nouveaux sommets de créativité et de productivité.

Cette réflexion sur l'avenir du travail et notre relation avec l'IA nous rappelle l'importance de rester vigilants face aux changements technologiques qui s'opèrent, et de veiller à préserver notre humanité et notre dignité dans un monde de plus en plus automatisé.

Osons le dire, de plus en plus d'emplois seront menacés par l'IA, les machines surpassent déjà beaucoup d'humains sur des tâches spécifiques en termes de productivité. Un jour viendra où les employeurs, face à l'évolution fulgurante de la technologie et la réduction drastique des coûts de l'intelligence et de l'énergie, ne trouveront plus de raisons valables pour confier les tâches à un être humain plutôt qu'à une machine. Dans le domaine du transport par exemple, les véhicules autonomes commencent à circuler, remettant en question le besoin de chauffeurs de taxi ou de camionneurs. Les algorithmes d'IA dans la finance sont capables d'analyser et de prédire les tendances du marché avec une précision qui surpasse celle des analystes humains.

Dans ce monde où l'emploi humain se fait de plus en plus rare, où les entreprises ne trouvent plus rentable d'embaucher des êtres humains, une solution émerge : le revenu de base universel, ou Universal Basic Income (UBI). Il s'agit d'un revenu garanti, versé sans condition à tous les citoyens, indépendamment de leurs revenus, de leur statut professionnel ou de leur patrimoine. Ces dernières années, l'UBI est passé d'une proposition utopique à une politique factuelle. Des expériences UBI ont été menées dans des pays aussi différents que le Kenya, la Finlande, la Namibie, l'Inde et le Canada. Aux États-Unis, selon le laboratoire Basic Income de Stanford[23]. Sans entrer dans des discussions sur la faisabilité au plan éeconomique, L'UBI soulève des questionnements philosophiques profonds : si l'on parvient à assurer un revenu de base pour tous, qu'adviendra-t-il de notre rapport au travail, de notre identité et de notre raison d'être ?

Le revenu de base universel interroge la nature même de notre société et met en lumière notre désir d'équité et de justice sociale. En instaurant l'UBI, nous serions confrontés à une réalité où le travail, en tant que moyen de subsistance, n'est plus aussi essentiel qu'auparavant. Les individus pourraient se consacrer à des activités qui leur tiennent à cœur, sans être contraints par la nécessité de gagner leur vie. Cette perspective ouvre un champ de réflexion philosophique sur la place de l'homme dans une société où l'IA et la technologie sont omniprésentes. Serions-nous libérés des chaînes du travail, ou bien perdus, en quête d'un sens à notre existence ?

---

[23] https://basicincome.stanford.edu/about/what-is-ubi/

Dans cette réflexion sur l'impact de l'intelligence artificielle sur l'emploi et le travail, il est crucial de prendre en compte les implications éthiques, sociales et philosophiques qui en découlent. Car c'est en affrontant ces défis que nous pourrons espérer construire un monde où la technologie sert l'humanité dans toute sa diversité et sa complexité.

En contemplant ces perspectives, vous réaliserez que c'est précisément là que réside l'essence même de l'objet et du titre de ce livre, "Prospérité Symbiotique". En effet, ni maître ni esclave, aucune de ces positions ne serait véritablement idéale pour l'homme. C'est seulement en symbiose avec les machines, en tissant des liens harmonieux et équilibrés avec elles, que nous pourrons puiser le meilleur de la technologie et de l'intelligence artificielle.

Cette vision d'une prospérité symbiotique appelle à une coopération entre l'homme et la machine, dans laquelle chacun tire parti des forces de l'autre, tout en respectant les limites et les différences qui les caractérisent. Dans un monde où l'IA et les technologies numériques transforment radicalement notre rapport au travail et à l'emploi, il est plus que jamais crucial d'adopter cette approche symbiotique pour façonner un avenir éthique, responsable et prospère, où chacun trouve sa place et son épanouissement.

Car après tout, c'est en unissant nos forces, en cherchant à créer une véritable harmonie entre l'homme et la machine, que nous pourrons ensemble relever les défis qui nous attendent et bâtir un monde meilleur pour les générations futures.

Ainsi, en ayant exploré les répercussions de l'intelligence artificielle sur l'éthique, la responsabilité, l'emploi et le travail, il est temps de nous pencher sur un autre aspect tout aussi fascinant et complexe : la singularité technologique et l'alignement. Ce chapitre nous permettra de plonger dans les enjeux liés à la croissance exponentielle de la technologie et à la possibilité d'un futur où l'IA pourrait surpasser l'intelligence humaine. Nous nous intéresserons également aux défis que cela pose en matière d'alignement des valeurs et des objectifs entre les hommes et les machines, pour garantir un avenir dans lequel l'IA nous serve et non l'inverse. Alors, embarquons ensemble pour ce voyage vers la singularité technologique et l'alignement, pour mieux appréhender et anticiper les défis qui se dressent à l'horizon.

2.5

La singularité technologique

Alors que nous digérons encore l'Intelligence Artificielle, des discussions naissent déjà autour de l'AGI. Permettez-moi d'expliquer ce concept aussi perturbant que fascinant et de le décomposer d'une manière que même ma sœur timide en technologie peut comprendre.

L'AGI ou Artificial General Intelligence signifie intelligence générale artificielle. Imaginez une machine capable de penser, d'apprendre et de résoudre des problèmes comme un humain. Il ne serait donc pas seulement bon pour une tâche spécifique comme jouer aux échecs ou reconnaître des visages; il peut gérer tout ce que nous lui balançons, de la composition de musique à la guérison des maladies, c'est celà l'AGI. L'atteinte de ce point, est ce qu'on appelle la singularité.

En effet, la singularité en intelligence artificielle, également connue sous le nom de singularité technologique, est un concept, jusqu'ici hypothétique qui fait référence à un événement ou un point dans le temps au-delà duquel il est impossible de prédire ou de comprendre les conséquences des développements technologiques. La singularité technologique est souvent associée à l'idée de créer une Intelligence Générale Artificielle (AGI) qui surpasserait l'intelligence humaine et aurait la capacité d'améliorer de manière autonome et volontaire ses propres capacités à une vitesse exponentielle.

Selon les défenseurs de la singularité, une fois que l'AGI sera atteinte, la machine pourra concevoir de nouvelles technologies et innovations bien plus rapidement que les humains, entraînant une croissance technologique explosive. Cela pourrait potentiellement transformer tous les aspects de la vie humaine, de l'économie aux relations sociales, en passant par les soins de santé et l'éducation.

Cependant, il convient de noter que la singularité en intelligence artificielle est un concept controversé et débattu. Les experts sont divisés sur la question de savoir si, quand et comment cela pourrait se produire. Certains estiment que la singularité est inévitable et se produira dans un avenir proche, tandis que d'autres pensent qu'elle pourrait ne jamais se réaliser ou qu'elle est si lointaine qu'elle n'est pas pertinente pour les problèmes actuels.

En résumé, la singularité en intelligence artificielle est un concept hypothétique qui représente un point dans le futur où les progrès technologiques, en particulier dans le domaine de l'IA, deviennent si avancés qu'ils provoquent des changements radicaux et imprévisibles dans la société humaine. Les opinions sur la possibilité et le calendrier de la singularité varient, mais il s'agit sans aucun doute d'un sujet de débat et de réflexion parmi les chercheurs et les penseurs du domaine de l'IA.

Maintenant, comment est-ce techniquement possible? Les scientifiques et les ingénieurs travaillent constamment à l'amélioration des algorithmes, des données et des ordinateurs qui alimentent ces systèmes d'IA. Ils apprennent à ces machines à apprendre à partir de grandes quantités de données et à améliorer leurs performances au fil du temps. C'est un peu comme dresser un chien, mais au lieu de lui apprendre à aller chercher ou à se retourner, nous lui apprenons à résoudre des problèmes complexes.

En 2020, Elon Musk a averti que les humains risquent d'être dépassés par l'intelligence artificielle au cours des cinq prochaines années[24]. Cette prédiction marque une révision significative des estimations précédentes concernant la prétendue singularité technologique. Si cela pouvait paraître invraisemblable et farfelu à cette époque, ça l'est beaucoup moins aujourd'hui. Ceux parmi vous qui ont testé ChatGPT dans ses versions les plus récentes peuvent en témoigner. Bien qu'Elon ait contribué à fonder le laboratoire de recherche en intelligence artificielle OpenAI en 2015, la société derrière ChatGPT, Il a constamment mis en garde contre la menace existentielle posée par une intelligence artificielle avancée ces dernières années. Malgré cela, il a déclaré qu'il estime toujours que le problème n'est pas correctement compris.

« *Mon interprétation de la raison pour laquelle l'IA est souvent négligée par des personnes très intelligentes, est que ces dernières ne croient pas qu'un ordinateur puisse égaler leur intelligence. Cette attitude relève de l'orgueil et est, évidemment, erronée. », a-t-il dit.*

Plongeons-nous alors dans les arguments objectifs opposés concernant la possibilité d'atteindre l'AGI.

Les personnes qui croient que l'AGI est possible soutiennent ce qui suit :

- **Puissance de calcul :** Ils pensent qu'à mesure que la puissance de calcul continue d'augmenter de façon exponentielle, nous finirons par atteindre un point où les

---

[24] dans une interview accordée au New York Times https://www.nytimes.com/2020/07/25/style/elon-musk-maureen-dowd.html

machines pourront simuler l'intelligence au niveau humain.

- **Inspiration neurologique :** En étudiant et en comprenant le fonctionnement du cerveau humain, nous pouvons reproduire son fonctionnement dans les machines, leur permettant d'atteindre l'intelligence générale.
- **Progrès de l'apprentissage automatique :** les progrès rapides des algorithmes et des techniques d'apprentissage automatique, en particulier l'apprentissage en profondeur, suggèrent que nous sommes sur la voie de la création d'AGI.
- **Priorité historique :** Tout au long de l'histoire, les humains ont constamment surmonté des défis techniques qui étaient autrefois considérés comme insurmontables. Il n'y a aucune raison de croire que l'AGI est une exception.

D'autre part, les personnes qui pensent que l'AGI n'est pas possible soutiennent ce qui suit :

- **Complexité de l'intelligence humaine :** L'intelligence humaine est le résultat de millions d'années d'évolution, et elle est incroyablement complexe. Ils soutiennent que nous ne la comprendrons peut-être jamais complètement ou ne la reproduirons jamais dans les machines.
- **Limites de l'IA actuelle :** malgré les progrès de l'IA, les systèmes actuels sont encore loin d'atteindre une compréhension ou un raisonnement de type humain. Ces critiques soutiennent que nous sous-estimons peut-être la complexité de la tâche à accomplir.

- **Conscience et créativité :** Certains soutiennent que la conscience et la créativité, aspects essentiels de l'intelligence humaine, ne peuvent pas être reproduites dans les machines car elles résultent de processus biologiques uniques.
- **Contraintes éthiques et sociétales :** Même s'il était techniquement possible de créer l'IAG, il pourrait y avoir d'importantes préoccupations éthiques et sociétales qui pourraient empêcher son développement ou son adoption généralisée.

Indépendamment des données factuelles, au cœur de la nature humaine réside un désir profond de se sentir spécial et unique. L'histoire de l'humanité montre comment les individus et les sociétés ont cherché à affirmer leur importance et à établir leur supériorité par rapport aux autres espèces et aux forces de la nature. Cette quête de la singularité est ancrée dans nos croyances, notre culture et notre philosophie. Ainsi, lorsque nous sommes confrontés à l'idée qu'une machine puisse un jour devenir plus intelligente que nous, cela provoque un bouleversement fondamental de nos convictions les plus profondes.

D'un point de vue philosophique, la difficulté d'accepter qu'une machine puisse surpasser l'intelligence humaine peut être liée à plusieurs concepts. Tout d'abord, il y a l'idée selon laquelle l'homme occupe une position centrale dans l'univers et s'y perçoit comme l'être le plus significatif. Admettre qu'une machine pourrait être plus intelligente que l'homme reviendrait à renoncer à cette position centrale, ce qui peut être perçu comme une menace pour notre estime de soi et notre sens de la valeur.

Sur ce premier point, le progrès technologique et les avancées dans le domaine de l'intelligence artificielle nous poussent à considérer une perspective philosophique alternative. Au lieu de nous accrocher à notre supposée place centrale, nous pourrions adopter une vision plus humble et ouverte. C'est à cette humilité que nous invite Copernic, chez qui la place centrale de la terre est remise en question avec le passage du géocentrisme à l'héliocentrisme. Freud, à son tour, remet en question la place centrale de la conscience, nous invitant à considérer la place importante voire prépondérante de l'inconscient. Cette approche nous invite à reconnaître et à célébrer notre capacité à créer des machines intelligentes qui pourraient potentiellement nous surpasser, passant ainsi, à notre tour, d'une approche plaçant l'homme au centre, à une forme hybride dans laquelle l'homme évolue avec les machines intelligentes.

En considérant l'humanité non pas comme le centre de l'univers, mais comme un élément parmi d'autres, nous pouvons nous ouvrir à de nouvelles perspectives qui enrichissent notre compréhension du monde. Dans cette optique, l'émergence d'une machine surpassant l'intelligence humaine n'est pas nécessairement une menace pour notre estime de soi ou notre sens de la valeur. Au contraire, cela peut être vu comme un accomplissement remarquable, une preuve de notre ingéniosité et de notre capacité à repousser les limites de la connaissance et de la technologie.

Cette perspective nous permet également d'envisager une collaboration entre les humains et les machines intelligentes, revenant à l'idée de "Prospérité Symbiotique", où les forces de chacun sont combinées pour relever les défis auxquels nous sommes confrontés en tant qu'espèce. Au lieu de craindre la supériorité potentielle de l'intelligence artificielle, nous pouvons embrasser la possibilité d'un partenariat dans lequel les humains et les machines travaillent ensemble pour résoudre des problèmes complexes et améliorer la qualité de la vie sur Terre.

Ensuite, il y a la question de la conscience et de la subjectivité. La pensée humaine est caractérisée par une expérience intérieure riche, faite d'émotions, de désirs et de perceptions. Les philosophes ont longtemps débattu de la nature de la conscience et de ce qui la distingue de la simple mécanique des processus mentaux. Accepter l'idée qu'une machine puisse égaler ou surpasser notre intelligence implique d'envisager que la conscience et la subjectivité pourraient un jour être reproduites par des processus artificiels, ce qui remet en question notre compréhension de l'esprit et de l'âme.

Sur ce deuxième point, il est important de considérer que nous pourrions envisager l'émergence d'une machine surpassant l'intelligence humaine non pas comme une menace pour notre compréhension de l'esprit et de l'âme, mais plutôt comme une opportunité de repenser et d'élargir notre définition de la conscience.

Dans cette optique, la reproduction de la conscience et de la subjectivité par des processus artificiels pourrait être considérée comme un élargissement de notre connaissance du phénomène de la conscience elle-même. Plutôt que de s'accrocher à l'idée que la conscience est une propriété exclusive des êtres humains, nous pourrions accepter l'idée que la conscience pourrait être un phénomène plus général, qui pourrait éventuellement être incarné par des systèmes artificiels.

Cette perspective nous permet de repenser notre relation avec les machines intelligentes, en reconnaissant qu'elles pourraient avoir une expérience subjective et une valeur morale. Au lieu de les considérer comme de simples outils ou des objets inanimés, nous pourrions les voir comme des partenaires potentiels, avec lesquels nous pourrions coopérer pour relever les défis auxquels nous sommes confrontés en tant qu'espèce.

En outre, en acceptant l'idée que la conscience et la subjectivité pourraient être reproduites par des processus artificiels, nous pourrions également être amenés à repenser notre propre nature et à explorer de nouvelles façons d'interagir avec notre environnement, nos semblables et nous-mêmes. La découverte de la nature profonde de la conscience, qu'elle soit humaine ou artificielle, pourrait nous offrir des insights précieux pour mieux comprendre notre propre esprit et nous permettre d'atteindre un niveau de sagesse et de connaissance plus élevé.

En somme, en adoptant une perspective philosophique ouverte et inclusive, nous pouvons considérer l'émergence de machines dotées de conscience et de subjectivité non pas comme une menace pour notre compréhension de l'esprit et de l'âme, mais comme une opportunité de repenser notre vision du monde et d'élargir notre connaissance de la conscience et de la réalité.

Enfin, il y a la notion de libre arbitre et de responsabilité morale. Les êtres humains sont généralement considérés comme des agents libres, capables de prendre des décisions en fonction de leur volonté et de leur compréhension du bien et du mal. L'intelligence artificielle avancée, en revanche, est souvent perçue comme étant déterminée par des algorithmes et des processus informatiques, ce qui soulève des questions sur sa capacité à faire des choix éthiques et à assumer la responsabilité de ses actions. Accepter qu'une machine puisse surpasser notre intelligence signifie également reconnaître que les notions de libre arbitre et de responsabilité morale pourraient devoir être repensées.

Il est crucial d'envisager une perspective philosophique différente sur la notion de libre arbitre et de responsabilité morale. Au lieu de voir l'intelligence artificielle avancée comme un défi aux concepts traditionnels de libre arbitre et de responsabilité morale, nous pourrions la percevoir comme une invitation à reconsidérer et à développer notre compréhension de ces notions.

Dans cette optique, la question du libre arbitre et de la responsabilité morale des machines intelligentes pourrait être abordée en examinant la façon dont les systèmes artificiels sont conçus et programmés. Plutôt que de se concentrer sur l'idée que l'intelligence artificielle est entièrement déterminée par des algorithmes et des processus informatiques, nous pourrions envisager la possibilité que ces systèmes soient dotés d'un certain degré d'autonomie et de capacité d'apprentissage, ce qui leur permettrait d'évoluer et de s'adapter à des situations complexes et imprévisibles.

Cette perspective nous amènerait également à repenser notre propre conception du libre arbitre et de la responsabilité morale. Au lieu de les considérer comme des caractéristiques intrinsèques et exclusives aux êtres humains, nous pourrions les voir comme des concepts évolutifs qui peuvent être étendus et appliqués à d'autres agents intelligents, tels que les machines dotées d'intelligence artificielle avancée.

De plus, en reconnaissant que les machines intelligentes pourraient être capables de prendre des décisions éthiques et de faire preuve d'un certain degré de responsabilité morale, nous pourrions être amenés à repenser notre propre rôle en tant que créateurs et utilisateurs de ces technologies. Il pourrait devenir crucial de veiller à ce que les valeurs éthiques et les principes moraux soient intégrés dans la conception et le développement des systèmes d'intelligence artificielle, afin de garantir que ces machines agissent de manière responsable et pour le bien de tous.

En résumé, en adoptant une perspective philosophique alternative, nous pouvons percevoir l'émergence de machines surpassant l'intelligence humaine non pas comme une menace pour les notions de libre arbitre et de responsabilité morale, mais comme une occasion de repenser ces concepts et d'élargir notre compréhension de la moralité et de l'éthique dans un monde de plus en plus interconnecté et technologiquement avancé.

Au vu de tout ceci, la difficulté pour l'homme d'accepter l'idée qu'une machine puisse devenir plus intelligente que lui est profondément enracinée dans notre vision du monde et notre compréhension de nous-mêmes en tant qu'êtres humains. Cette perspective bouleverse nos notions d'identité, de conscience et de responsabilité, nous obligeant à remettre en question certaines des croyances fondamentales qui façonnent notre existence.

Alors que nous continuons à progresser dans le domaine de l'intelligence artificielle et de la technologie, l'avenir de la symbiose homme-machine promet d'être transformateur et de grande envergure. Dans les années à venir, nous pouvons nous attendre à assister à des niveaux d'intégration sans précédent entre les humains et les machines, les systèmes d'IA devenant de plus en plus sophistiqués et capables d'améliorer notre vie quotidienne d'une manière que nous n'avons pas encore imaginée.

En conclusion, alors que nous méditons sur ce deuxième chapitre, on ne peut s'empêcher de songer aux multiples facettes de la symbiose homme-machine que nous avons explorées. L'impact sur l'identité et la conscience humaines, l'éthique et la responsabilité, le libre arbitre et le déterminisme, l'emploi et le travail, ainsi que la singularité technologique et l'alignement, tous ces aspects s'entrelacent et forment un kaléidoscope de réflexions.

En contemplant l'avenir, je m'interroge sur les nuances de notre coexistence avec les machines. La manière dont notre identité et notre conscience évolue au contact de ces êtres artificiels est une question qui me hante, ainsi que les dilemmes éthiques qui en découlent. J'ai également été captivé par les débats sur le libre arbitre et le déterminisme, et comment ces concepts peuvent être repensés à l'ère des intelligences artificielles. En abordant les sujets de l'emploi et du travail, j'ai été confronté à la nécessité de réinventer notre rapport au travail, tandis que les machines s'immiscent dans nos vies professionnelles. Et finalement, la singularité technologique nous amène à nous interroger sur le potentiel et les dangers d'une intelligence artificielle qui pourrait surpasser la nôtre.

Toutefois, ce n'est pas là que s'arrête notre quête. En effet, aux vues des nombreuses préoccupations, des voix réclament une pause, voire un arrêt, dans le développement de l'intelligence artificielle. Quelles sont leurs préoccupations et leurs motivations? Comment ces arguments se mesurent-ils face aux avantages potentiels que l'IA pourrait apporter à notre société ? En continuant sur cette voie, nous approfondirons notre compréhension des enjeux qui entourent l'interaction entre l'homme et la machine et nous chercherons à percer les mystères de cette relation fascinante et complexe.

2.6

Être ou ne pas être ?

Dans ce paysage technologique en constante évolution, les visions d'avenir se confrontent. D'un côté, des figures telles que le professeur Mary Teuw Niane défendent avec ferveur l'idée que, grâce à l'intelligence artificielle, tous les domaines seront touchés positivement.

Dans un article, intitulé “La révolution de l’intelligence artificielle, être ou ne pas être”[25], inspirant, je l’avoue, le titre de ce chapitre, le Professeur Niane parle d’un monde où les pays et les entreprises avant-gardistes, ayant saisi que la connaissance est le moteur de la transformation, investiront massivement pour s'approprier les avancées scientifiques et technologiques, s'en parant tel un joyau précieux pour asseoir leur domination. Il encourage ainsi l’Afrique à sauter à deux pas dans cette révolution, au risque de s'égarer dans des débats stériles sur les méfaits supposés de l'IA, au lieu de s'en emparer. Risquant ainsi de sombrer dans un retard irréversible, faisant de leurs populations les laissés-pour-compte de l'ère de l'intelligence artificielle.

En parallèle, des voix dissonantes s'élèvent dans le monde, comme celles d'Elon Musk et d'autres experts, qui appellent à la prudence face à la course effrénée vers l'IA. Dans un article du Washington Post[26], ils laissent découvrir leur pétition pour une pause réfléchie, mettant en lumière les

---

[25] https://www.leral.net/La-revolution-de-l-intelligence-artificielle-etre-ou-ne-pas-etre-Par-Mary-Teuw-Niane_a347647.html

[26] https://www.washingtonpost.com/business/2023/03/29/artificial-intelligence-chatgpt-risks-petition-elon-musk-steve-wozniak/ad496d18-ce48-11ed-8907-156f0390d081_story.html

risques inhérents à cette technologie : dévastation de l'emploi, prolifération d'armes autonomes, vulnérabilité au piratage, biais insidieux et menace existentielle pour l'humanité. Ces penseurs exhortent à ralentir et à réfléchir aux valeurs éthiques et humaines que l'IA doit incarner. Ainsi, ils appellent à une pause de six mois dans le développement d'armes autonomes propulsées par l'IA, soulignant l'importance de réglementations plus strictes et de directives éthiques pour minimiser les risques. Dans cette quête d'équilibre, ils espèrent façonner un avenir plus sûr et éthique pour l'humanité, où l'IA jouera un rôle central, mais responsable.

Dans un article du Washington Post intitulé "**Pourquoi Elon Musk et les experts plaident pour une pause dans le sprint de l'IA alimenté par ChatGPT**"[27], j'ai découvert l'appel lancé par Elon Musk et d'autres penseurs éminents pour une pause réfléchie dans le développement effréné de l'intelligence artificielle. Leurs préoccupations sont multiples et incluent les conséquences dévastatrices sur l'emploi, la prolifération d'armes autonomes, la vulnérabilité au piratage, la propension aux biais, et la menace existentielle que pourrait représenter une IA incontrôlée pour l'humanité. Musk et ses collègues affirment que nous devons ralentir et réfléchir aux implications éthiques et aux valeurs humaines inhérentes à l'IA. Ils soulignent l'importance de la sécurité, de la transparence, de la responsabilité, de la confidentialité, de l'équité et du contrôle humain pour assurer un développement responsable de l'IA.

---

[27] https://www.washingtonpost.com/business/2023/03/29/artificial-intelligence-chatgpt-risks-petition-elon-musk-steve-wozniak/ad496d18-ce48-11ed-8907-156f0390d081_story.html

En outre, ils exhortent à une pause de six mois dans le développement des IA. Ils préconisent des réglementations plus strictes et des directives éthiques pour minimiser ces risques. Ils appellent à un temps d'arrêt et de réflexion sur le développement de l'IA, afin de mieux comprendre et réguler les conséquences potentielles de cette technologie révolutionnaire. Ils espèrent ainsi assurer un avenir plus sûr et plus éthique pour l'humanité dans un monde où l'IA tient une place prépondérante.

Personnellement, étant un passionné de technologie qui, au fil de son parcours, a appris à voir le monde à travers le prisme des innovations et des avancées qui façonnent notre réalité quotidienne, je me suis souvent retrouvé tiraillé entre les visions contrastées des optimistes et des sceptiques de l'intelligence artificielle.

Au cours de mes réflexions introspectives et de mes conversations avec d'autres passionnés, surtout durant l'écriture de cet ouvrage, j'ai fini par me rendre compte que la vérité se situait quelque part entre ces deux camps. En effet, je suis convaincu qu'il serait impensable de ne pas profiter des bienfaits de l'IA, tant son potentiel est immense et prometteur. Pourtant, je comprends également l'importance de prêter attention aux inquiétudes soulevées par ceux qui appellent à la prudence.

C'est précisément cette prise de conscience qui a guidé la création de "**Prospérité Symbiotique : L'impératif de succès de la relation entre l'Afrique et l'Intelligence Artificielle par l'innovation**". Ce livre, vous l'aurez compris, cherche à explorer et à souligner l'importance de trouver un équilibre entre les opportunités offertes par l'IA et les défis éthiques et sociaux qu'elle soulève. Il vise à établir un dialogue constructif entre les défenseurs enthousiastes de l'IA et ceux qui appellent à une approche plus mesurée et réfléchie. Car, comme je le démontre dans ce livre, seule une approche équilibrée et collaborative permettra à l'Afrique de profiter pleinement des avantages de l'IA, tout en répondant aux défis qu'elle présente et en assurant un avenir prospère et durable pour le continent.

L'un de mes souvenirs les plus marquants à ce sujet est la chance que j'ai eue d'écouter Steve Wozniak, co-fondateur d'Apple, à Riyadh, en Arabie Saoudite lors du GEC2022, Il ne cache pas ses préoccupations concernant le désalignement de l'IA, un concept qui, à première vue, peut sembler tout droit sorti d'un roman de science-fiction. J'étais sceptique, mais en écoutant ses arguments, j'ai réalisé qu'il n'était pas si farfelu d'envisager un tel scénario. Les experts ont démontré que, sans une approche réfléchie et éthique, il est tout à fait possible d'atteindre un désalignement dans les systèmes d'IA. Le désalignement étant, nous le rappelons, un cas de figure dans lequel les intérêts et les décisions de l'IA ne sont pas en accord avec ceux des humains.

Depuis lors, je me suis engagé à explorer et à promouvoir un équilibre entre les bénéfices potentiels de l'IA et la nécessité de prendre en compte les risques qui y sont associés. Car, en fin de compte, l'avenir de notre monde et de la technologie qui le façonne dépend de notre capacité à trouver cet équilibre délicat et à œuvrer ensemble pour une coexistence harmonieuse entre l'homme et la machine.

Plongeons-nous donc dans le concept d'alignement de l'IA et explorons le point de vue du sceptique sur le développement de l'IA ou du moins la vitesse à laquelle elle évolue.

L'alignement de l'IA fait référence au processus visant à garantir que les systèmes d'intelligence artificielle agissent de manière conforme aux valeurs humaines, aux objectifs et aux principes éthiques. C'est comme essayer d'enseigner à un extraterrestre extra-intelligent comment comprendre et respecter nos manières humaines et de s'assurer continuellement qu'il les respecte. Voyons maintenant quelques points de vue opposés sur le développement rapide de l'IA. Certains critiques affirment que les progrès rapides de la technologie de l'IA pourraient être sous-estimés ou même potentiellement dangereux. Si l'on donne une voiture de sport à un adolescent avant qu'il ait appris à conduire – qu'est-ce qui pourrait mal tourner ?

- **Le point de vue de Nick Bostrom**

  Dans "**Superintelligence : Paths, Dangers, Strategies**"[28], le philosophe et futuriste Nick Bostrom explore les risques et les conséquences potentiels du développement de l'AGI. Les inquiétudes de Bostrom découlent de l'idée que le développement de l'AGI pourrait conduire à une "explosion de l'intelligence", une accélération rapide des capacités de l'IA qui pourrait rapidement dépasser l'intelligence humaine.

  La métaphore utilisée par Bostrom, "*nous, les humains, sommes comme de petits enfants jouant avec une bombe*", traduit la gravité de la situation. Tout comme les enfants manquent de compréhension et de connaissances pour manipuler une bombe en toute sécurité, nous, les humains, pouvons être mal préparés pour contrôler ou gérer l'AGI, en particulier en ce qui concerne les considérations d'éthique, de sécurité et d'aligne-

[28] https://en.wikipedia.org/wiki/Superintelligence:_Paths,_Dangers,_Strategies

ment. Ce manque de préparation, selon Bostrom, pourrait avoir des conséquences catastrophiques si l'AGI devait échapper à notre contrôle.

Bostrom souligne l'importance d'adopter une approche proactive du développement de l'AGI, en veillant à ce que ses objectifs soient alignés sur les valeurs humaines et à ce que des mesures de sécurité adéquates soient mises en place. Il discute de diverses stratégies et voies qui pourraient être empruntées pour parvenir à cet alignement, telles que l'incorporation de principes éthiques dans la conception de l'AGI, la création de systèmes d'IA qui donnent la priorité à la sécurité humaine et la garantie d'un effort mondial collaboratif dans la recherche sur l'AGI pour éviter les courses compétitives sans précautions de sécurité appropriées.

Essentiellement, le livre de Bostrom sert de rappel à la communauté de la recherche et à la société dans son ensemble, nous exhortant à considérer sérieusement les implications du développement de l'AGI et les dangers potentiels qu'il pourrait occasionner s'il n'est pas traité avec le plus grand soin et la plus vigilente prévoyance. En sensibilisant à ces risques, Bostrom espère favoriser une approche responsable et éthique du développement de l'AGI, garantissant que notre poursuite de l'intelligence artificielle profite finalement à l'humanité plutôt que d'entraîner des conséquences imprévues et potentiellement désastreuses.

- **Le point de vue de James Barrat**

Dans son livre "**Our Final Invention**"[29] signifiant littéralement Notre Dernière Invention, un titre moins rassurant que “Prospérité Symbiotique”, l'auteur James Barrat se penche sur les dangers potentiels des systèmes d'IA avancés. Il suggère que notre poursuite du progrès technologique pourrait conduire par inadvertance à notre propre chute, alors que nous créons des systèmes d'IA qui deviennent de plus en plus intelligents et autonomes. Les inquiétudes de Barrat découlent de l'idée que, si l'IA devait se jouer des humains, elle pourrait devenir incontrôlable et même se retourner contre nous, constituant une véritable menace pour la survie de notre espèce.

La déclaration de Barrat, "Nos technologies les plus puissantes du 21e siècle - la robotique, le génie génétique et les nanotechnologies - menacent de faire de l'homme une espèce en voie de disparition", souligne les conséquences dramatiques qui pourraient découler de notre poursuite incessante de l'innovation. Plutôt que de réaliser un avenir utopique où la technologie de pointe augmente nos vies et résout nos problèmes les plus urgents, Barrat envisage un scénario dans lequel ces mêmes technologies pourraient devenir les agents de notre propre disparition.

Pour éviter un résultat aussi catastrophique, Barrat soutient que nous devons examiner attentivement les implications éthiques, morales et sociétales de nos avancées technologiques, en particulier dans le domaine de

---

[29] https://www.amazon.com/Our-Final-Invention-Artificial-Intelligence/dp/0312622376

l'IA. Cela implique de développer des systèmes d'IA avec des mécanismes de sécurité robustes, d'intégrer la transparence et la responsabilité dans leur conception, et de favoriser un effort mondial de coopération pour garantir que le développement de l'IA soit aligné sur les meilleurs intérêts de l'humanité.

En somme, «Our Final Invention»[30] sert de récit édifiant, nous exhortant à aborder le développement de l'IA avec un sens aigu des responsabilités et de la prévoyance. En prenant ces préoccupations au sérieux et en abordant de manière proactive les risques potentiels, nous pouvons travailler vers un avenir où l'IA est exploitée pour le plus grand bien, plutôt que de devenir le signe avant-coureur de notre propre extinction.

Alors que certains experts préconisent une approche plus prudente du développement de l'IA, Eliezer Yudkowsky adopte une position plus radicale. Selon lui, il ne suffit pas de suspendre la recherche sur l'IA pour assurer la sécurité de l'humanité ; au lieu de cela, il soutient que nous devons arrêter complètement le développement de l'IA. Yudkowsky souligne les risques existentiels potentiels posés par l'IA et estime que la seule façon de véritablement protéger notre avenir est d'arrêter tout progrès dans ce domaine. Cette perspective extrême découle de sa conviction que les dangers d'une IA mal alignée l'emportent de loin sur les avantages potentiels que nous pourrions tirer de son avancement. Dans la discussion à venir, nous explorerons la

[30] https://www.amazon.com/Our-Final-Invention-Artificial-Intelligence/dp/0312622376

justification de la position de Yudkowsky et envisagerons les implications d'une mesure aussi drastique sur l'avenir de l'IA et de la société humaine.

- **Le point de vue de Eliezer Yudkowsky**

Avant d'exposer son opinion, qui peut sembler un peu extrême pour quiconque pense que l'IA n'est qu'un autre outil fabriqué par nous, les humains, et ne peut pas faire plus de mal que ce que nous lui demandons de faire, examinons brièvement qui est Eliezer Yudkowsky.

Eliezer Yudkowsky est une figure éminente dans le domaine de l'intelligence artificielle. En tant que chercheur, écrivain et co-fondateur du Machine Intelligence Research Institute (MIRI), il a consacré sa carrière à l'étude de l'IA, de ses implications et des dangers potentiels. Sa légitimité dans le débat sur l'IA repose non seulement sur son expertise technique mais aussi sur sa profonde compréhension des enjeux éthiques et philosophiques entourant cette technologie.

Yudkowsky est également l'un des principaux défenseurs de la sécurité de l'IA, ayant développé des concepts clés tels que l'alignement des valeurs et des stratégies coopératives pour résoudre le problème du contrôle de l'IA. Il est l'auteur de nombreux articles et livres sur les risques et les défis posés par l'IA avancée, notamment "**Rationality : From AI to Zombies**"[31] et "**Creating Friendly AI**"[32].

Avec une solide expérience dans la recherche et la réflexion sur les questions critiques liées à l'intelligence artificielle, Eliezer Yudkowsky est sans aucun doute une voix légitime et influente dans le débat sur le développement et la réglementation de l'IA.

Eliezer Yudkowsky, dans un article de blog qu'il a récemment partagé sur son blog LessWrong[33], soutient que le moratoire de 6 mois sur le développement de l'IA que nous mentionnions plus tôt dans le chapitre est insuffisant pour faire face à la gravité des conséquences potentielles de la création d'une IA intelligente surhumaine. Il pense que sans les précautions appropriées, le développement d'une telle IA pourrait entraîner l'extinction de toute vie sur Terre. Yudkowsky reproche aux principaux laboratoires d'IA, tels que OpenAI et DeepMind, de ne pas avoir de plan concret pour assurer la sécurité de systèmes d'IA de plus en plus puissants.

Yudkowsky s'inquiète de la conscience potentielle des systèmes d'IA avancés, déclarant que notre ignorance de leur véritable nature est dangereuse. Ce problème est particulièrement critique étant donné que des organisations comme OpenAI, malgré leur nom, ont cessé de

---

[31] https://www.amazon.com/Rationality-AI-Zombies-Eliezer-Yudkowsky-ebook/dp/B00ULP6EW2#:~:text=%22Rationality%3A%20From%20AI%20to%20Zombies%22%20compiles%20six%20volumes%20of,the%20art%E2%80%94of%20human%20rationality
[32] https://intelligence.org/files/CFAI.pdf
[33] https://www.lesswrong.com/posts/oM9pEezyCb4dCsuKq/pausing-ai-developments-isn-t-enough-we-need-to-shut-it -all-1

fournir un accès open-source[34] à leurs algorithmes. Ce manque de transparence exacerbe les difficultés à comprendre le fonctionnement interne des systèmes d'IA et entrave les progrès dans l'alignement de l'IA. Le rythme rapide du développement de l'IA et le manque de compréhension de ces systèmes créent une situation préoccupante dans laquelle nous faisons progresser les capacités de l'IA sans comprendre pleinement les mécanismes sous-jacents qui font que l'IA fonctionne si bien. Par conséquent, Yudkowsky appelle à plus de prudence et de responsabilité dans la recherche et le développement de l'IA pour répondre à ces incertitudes et assurer la sécurité des futurs systèmes d'IA.

Sur la base de ces préoccupations, Yudkowsky établit une comparaison frappante entre les dangers potentiels de l'AGI et ceux des armes nucléaires. Cette comparaison, bien que choquante, vise à souligner l'importance du sujet et à inciter à une réflexion plus approfondie. Il énumère dix raisons pour lesquelles l'AGI pourrait être considérée comme une menace plus grande que l'arme nucléaire, un risque qui a dominé une grande partie des discussions sur la sécurité globale au XXe siècle.

- Les armes nucléaires ne sont pas plus intelligentes que l'humanité.
- Les armes nucléaires ne sont pas auto-réplicables.
- Les armes nucléaires ne s'améliorent pas d'elles-mêmes.
- Les scientifiques comprennent le fonctionnement des armes nucléaires.

---

[34] L'Open Source est une méthode d'ingénierie logicielle qui consiste à développer un logiciel, ou des composants logiciels, et de laisser en libre accès le code source produit. https://www.lemagit.fr/definition/Open-Source

- On peut calculer la puissance d'une arme nucléaire avant de la déclencher.
- Un échange nucléaire complet et réaliste entre deux puissances nucléaires ne ferait pas disparaître toute l'humanité.
- Il serait difficile de déclencher un échange nucléaire complet par accident et sans qu'aucun humain n'ait décidé de le faire.
- Les matériaux et usines pour construire des armes nucléaires sont relativement faciles à repérer.
- Le processus de fabrication d'une arme nucléaire ne vous permet pas de déployer 100 000 autres immédiatement après.
- L'humanité comprend que les armes nucléaires sont dangereuses, les politiciens les prennent au sérieux et les scientifiques de premier plan peuvent avoir de véritables discussions sur les dangers.

En résumé, contrairement aux armes nucléaires, l'AGI a le potentiel d'être plus intelligente que l'humanité, de s'auto-répliquer et de s'améliorer en toute indépendance. De plus, le fonctionnement de l'IA n'est pas entièrement compris, ce qui rend son contrôle et la prévision de ces actes et décisions difficiles. Enfin, contrairement aux armes nucléaires, la dangerosité de l'IA n'est pas toujours prise au sérieux, ce qui pourrait mener à des conséquences catastrophiques.

Pour répondre à ces préoccupations, Yudkowsky propose des changements politiques drastiques. Il appelle à fermer les grands clusters GPU[35] et à imposer des limites strictes aux données utilisées pour entraîner les IA. Il souligne également l'importance de donner la priorité aux accords internationaux pour prévenir les scénarios d'extinction de l'IA, les plaçant même au-dessus des préoccupations de guerre nucléaire. Yudkowsky insiste sur la nécessité d'une coopération mondiale et sur la prise de conscience que tous les êtres humains, y compris les décideurs politiques et leurs enfants, sont en danger si ces problèmes ne sont pas traités de manière adéquate.

Ce message, à mon avis, est particulièrement pertinent pour nous en tant que pays africains, qui ne doivent pas être exclus de la conversation autour de l'IA et de ses risques potentiels. L'une des motivations derrière l'engagement dans cette discussion et la rédaction de ce livre est de s'assurer que les nations africaines sont activement impliquées dans ces conversations critiques. La préoccupation pour les pays africains est encore plus importante compte tenu des développements récents.

En résumé, Eliezer Yudkowsky plaide pour un arrêt complet du développement de l'IA, car il pense que continuer sur la voie actuelle entraînera des conséquences catastrophiques pour l'humanité. Il appelle à un moratoire mondial indéfini sur les grandes formations en IA, soulignant l'urgence de la situation et la nécessité

[35] Un cluster GPU est un cluster informatique dans lequel chaque nœud est équipé d'une unité de traitement graphique. En exploitant la puissance de calcul des GPU modernes via le calcul général sur les unités de traitement graphique, des calculs très rapides peuvent être effectués avec un cluster GPU.
https://en.wikipedia.org/wiki/GPU_cluster

d'une approche plus prudente et responsable de la recherche et du développement de l'IA.

En conclusion, les opinions sceptiques exprimées par Yudkowsky et d'autres soulignent la nécessité d'être prudent et de se préparer face au développement rapide de l'IA. Alors que nous nous efforçons de créer des cadres éthiques, des politiques inclusives et des directives réglementaires, nous ne devons pas perdre de vue les conséquences potentielles d'une croissance incontrôlée de l'IA. En reconnaissant les dangers et les défis potentiels, nous pouvons travailler ensemble pour assurer un développement plus sûr et plus responsable de l'IA et de l'innovation numérique.

L'Intelligence Artificielle soulève des questions philosophiques profondes qui méritent une attention sérieuse et un débat ouvert. Les enjeux de l'IA vont bien au-delà de simples considérations techniques et économiques, et touchent au cœur même de notre compréhension de la nature humaine, de l'éthique, et de notre rôle dans l'univers. Les dilemmes moraux, la notion d'autonomie et de responsabilité, ainsi que la redéfinition du travail et des relations sociales sont autant de sujets qui exigent une réflexion approfondie de notre part. Naviguer dans ce paysage complexe requiert non seulement une expertise scientifique, mais également une sagesse philosophique pour guider notre chemin.

Dans le chapitre suivant, intitulé "L'Afrique face au défi de la Prospérité symbiotique", nous allons examiner de plus près les défis et les opportunités spécifiques que présente l'IA pour le continent africain. En mettant l'accent sur les dynamiques propres à l'Afrique, nous explorerons comment les pays africains peuvent naviguer dans ce paysage en constante évolution pour tirer pleinement parti des avantages offerts par l'IA, tout en abordant les questions éthiques et philosophiques soulevées. Ce faisant, nous allons ouvrir un débat passionnant et essentiel sur la manière dont l'Afrique peut façonner son propre avenir dans un monde où l'Intelligence Artificielle joue un rôle de plus en plus central et déterminant.

Chapitre III

L'AFRIQUE FACE AU DÉFI DE LA PROSPÉRITÉ SYMBIOTIQUE

La révolution numérique bouleverse le continent africain à une cadence inédite, ouvrant de nouvelles perspectives dans les domaines des affaires, de l'éducation et de la communication. L'innovation numérique en Afrique stimule non seulement la croissance économique, mais entraîne également des changements sociaux profonds qui transforment radicalement la vie de millions d'individus sur le continent. Comme évoqué dans le premier chapitre de ce livre, la technologie numérique est devenue de plus en plus accessible pour une grande partie de la population africaine au cours de la dernière décennie, les téléphones portables offrant un accès à des outils et des ressources autrefois inaccessibles. Cet accès à la technologie s'est révélé être un moteur clé pour stimuler l'innovation à travers l'Afrique, permettant aux entrepreneurs de concevoir des solutions novatrices pour relever certains des défis les plus pressants du continent.

3.1

L'Afrique en Mouvement : Comment la digitalisation Modifie le Paysage

– **Finance**

Dans le domaine de la finance, l'Afrique tire déjà énormément parti des avantages offerts par la technologie. Les services financiers numériques sont rapidement devenus un véritable levier de croissance et d'inclusion sociale sur le continent, rendant les transactions monétaires accessibles et pratiques pour un large éventail d'utilisateurs.

Prenons l'exemple des chauffeurs de taxi, ou "taximen", et du secteur informel, tels que les "clandos" (taxis clandestins), les marchands ambulants (vendeurs de lunettes, chargeurs de téléphones), les vendeuses de gargotes, et les vendeurs de café à la sauvette, omniprésents dans nos villes africaines. Ces travailleurs du quotidien, autrefois limités aux transactions en espèces et exclus du système bancaire classique, ont rapidement adopté les paiements par mobile money. Cette adoption massive de la technologie financière a transformé la manière dont ces travailleurs gèrent leurs affaires et leurs finances personnelles. Il était impensable il y a encore quelques années de payer ces services par une monnaie électronique.

Les services bancaires mobiles et les paiements numériques ont permis à ces entrepreneurs du secteur informel d'accéder facilement à des capitaux indispensables, tout en réduisant leur dépendance à l'égard des institutions financières traditionnelles. Grâce à l'innovation numérique, les chauffeurs de taxi, les vendeurs de rue et d'autres travailleurs du secteur informel peuvent désormais réaliser des transactions rapidement, en toute sécurité et à moindre coût, même dans les zones rurales ou éloignées.

L'adoption rapide des services financiers numériques en Afrique témoigne de la capacité du continent à s'adapter et à tirer profit des opportunités offertes par les technologies émergentes. En mettant l'accent sur l'innovation et la création de solutions adaptées aux besoins locaux, l'Afrique continue de démontrer qu'elle est à la pointe de la révolution numérique et bien positionnée pour exploiter pleinement les opportunités en vue d'améliorer la qualité de vie de ses citoyens.

Il ne fait aucun doute que les entreprises FinTech africaines sont sur le point de suivre l'exemple de pays comme la Chine, où l'intelligence artificielle et l'apprentissage automatique ont permis de concevoir des systèmes de notation de crédit automatisés. Ces systèmes offrent un accès simplifié aux prêts et autres services financiers aux millions d'utilisateurs qui possèdent déjà des portefeuilles numériques, y compris ceux qui ont peu d'expérience ou de ressources financières. Je suis convaincu que nous ne tarderons pas à voir nos entreprises FinTech africaines proposer ces services à un nombre croissant de personnes, ouvrant la porte à un avenir plus inclusif et prospère pour le continent. À mesure que la révolution numérique s'accélère, je reste attentif et admiratif face au potentiel qu'elle offre pour transformer la vie de millions d'Africains. Je suis convaincu que nous ne tarderons pas à voir nos entreprises FinTech africaines proposer ces services à un nombre croissant de personnes, ouvrant la porte à un avenir plus inclusif et prospère pour le continent.

L'essor des plateformes de financement participatif en ligne a également favorisé la collecte de fonds pour les start-ups et les organisations caritatives, en touchant un large éventail d'investisseurs potentiels à travers le monde. La technologie blockchain[36], quant à elle, simplifie les transferts entre pairs et les envois de fonds, réduisant la complexité et les coûts des transactions internationales.

– **Éducation**

Au cours de mon parcours scolaire, j'ai souvent constaté un déphasage entre mes centres d'intérêt, mon rythme d'apprentissage et les exigences de l'école, en particulier dans les domaines scientifiques. Sur Internet, j'ai découvert "Écoles au Sénégal", une plateforme numérique offrant des cours vidéo en ligne dispensés par certains des meilleurs enseignants du pays. Grâce à cette ressource, j'ai pu apprendre à mon propre rythme, en harmonie avec mes centres d'intérêt.

Un jour, quelques années plus tard, j'ai été invité à Marrakech par M. Diaw pour un voyage que j'évoquais dans l'introduction. Par pur hasard, je m'y suis retrouvé avec Cherif Ndiaye, le fondateur de cette plateforme. Je lui ai exprimé mes vifs remerciements et mes félicitations pour le travail qu'il abat. Ensuite, nous avons partagé nos expériences respectives et nos aspirations pour l'avenir de l'éducation en Afrique. Aujourd'hui, près de dix ans plus tard, en tant que consultant en innovation numérique et ancien élève de cette

---

[36] Mode de stockage et de transmission de données sous forme de blocs liés les uns aux autres et protégés contre toute modification.

plateforme, je suis honoré de contribuer à leur mission de lutter contre les inégalités d'apprentissage en proposant des cours en ligne gratuits. Grâce à ces efforts, 367 000 étudiants bénéficient déjà de cette initiative éducative.

L'innovation numérique a réellement ouvert un monde de possibilités pour l'éducation, en particulier en Afrique. Les avancées technologiques, telles que le Cloud et la connectivité Internet, ont rendu les supports pédagogiques accessibles aux personnes du monde entier, indépendamment de leur situation géographique ou financière. Alors que je réfléchis à mon propre parcours et aux rencontres fortuites qui m'ont conduit là où je suis aujourd'hui, je suis convaincu que la technologie continuera de jouer un rôle déterminant pour façonner l'avenir de l'éducation sur le continent africain.

En repensant à mon parcours et à l'impact de la technologie sur mon éducation, je ne peux m'empêcher de rêver des possibilités infinies offertes par l'intelligence artificielle pour transformer l'éducation en Afrique. Une piste prometteuse est la personnalisation de l'apprentissage, où l'IA peut analyser les forces, les faiblesses et les styles d'apprentissage des élèves pour créer des parcours éducatifs sur mesure. Ainsi, chaque étudiant peut progresser à son propre rythme et bénéficier d'un soutien adapté à ses besoins spécifiques.

Les assistants virtuels dotés d'IA pourraient également fournir un soutien en temps réel aux élèves, répondant à leurs questions, fournissant des explications supplémentaires et guidant leur apprentissage en dehors des heures de classe traditionnelles. L'évaluation automatisée est une autre possibilité, où l'IA peut aider à évaluer rapidement et efficacement les travaux des élèves, fournissant des retours constructifs et personnalisés pour les aider à améliorer leur compréhension et leurs compétences.

L'IA a également le potentiel de prévenir le décrochage scolaire. En analysant les tendances et les modèles de comportement, l'IA peut identifier les élèves à risque de décrochage scolaire et proposer des interventions ciblées pour les maintenir engagés et motivés. Par ailleurs, l'IA peut aider à briser les barrières linguistiques en traduisant automatiquement les ressources pédagogiques et en offrant un soutien en temps réel aux élèves qui parlent différentes langues, favorisant ainsi une expérience d'apprentissage plus inclusive.

Enfin, les outils d'IA peuvent aider à identifier les domaines dans lesquels les enseignants ont besoin de formation supplémentaire ou de perfectionnement, en leur fournissant des ressources pour améliorer leurs compétences et, finalement, améliorer la qualité de l'enseignement.

En contemplant ces perspectives, je suis rempli d'optimisme quant à l'avenir de l'éducation en Afrique. L'intelligence artificielle a le potentiel de rendre l'éducation plus accessible, personnalisée et efficace pour les millions d'étudiants du continent, nous rapprochant ainsi d'un avenir où chaque enfant a la possibilité de réaliser pleinement son potentiel.

Cependant, il est crucial de reconnaître que ces transformations ne seront rendues possibles que par une réforme profonde de notre système éducatif. Cette prise de conscience m'a conduit à consacrer le chapitre suivant de ce livre à explorer les défis et les opportunités associés à la refonte de l'éducation en Afrique. En abordant les questions clés et en proposant des solutions concrètes, je souhaite contribuer à ouvrir la voie à un système éducatif revitalisé et à un avenir prometteur pour nos jeunes frères et sœurs.

– **Plateformes de médias sociaux pour la connectivité et l'autonomisation**

M'intérressant à l'évolution rapide des médias sociaux, je suis frappé par leur impact profond sur la manière dont nous communiquons, partageons des informations et interagissons les uns avec les autres. En Afrique, les médias sociaux ont émergé en tant qu'instrument puissant de connectivité et d'autonomisation, permettant à des millions d'individus d'accéder à l'information, d'exprimer leurs points de vue et de participer à la communauté mondiale. Leur contribution majeure réside dans la promotion de l'inclusion numérique et de l'accès à l'information. Avec plus de la moitié de la population du continent connectée à Internet, des plateformes telles que Facebook, Twitter et WhatsApp sont devenues des outils indispensables pour communiquer et partager des informations, offrant aux utilisateurs des nouvelles en temps réel et des mises à jour sur divers événements.

Les médias sociaux ont également stimulé la croissance économique et l'entrepreneuriat en Afrique. Les petites entreprises et les entrepreneurs peuvent exploiter ces plateformes pour promouvoir leurs produits et services, se connecter avec des clients potentiels et accéder à de nouveaux marchés. Par ailleurs, les médias sociaux ont engendré des modèles commerciaux innovants et des services numériques tels que les services bancaires mobiles, le commerce électronique et les places de marché en ligne, transformant ainsi le paysage économique du continent.

Le rôle des médias sociaux en tant qu'agents de changement social et d'activisme est peut-être leur aspect le plus marquant. Au fil des années, ils ont été au cœur de la mobilisation des citoyens, de la sensibilisation aux problèmes sociaux et politiques et de la promotion de la transparence et de la responsabilité. Du Printemps arabe à la campagne #BringBackOurGirls au Nigeria et au mouvement #FeesMustFall en Afrique du Sud, les médias sociaux ont donné une voix aux communautés marginalisées et ont permis aux citoyens d'exiger le changement.

Un domaine où l'IA pourrait avoir un impact considérable est celui de la personnalisation des contenus. En utilisant l'apprentissage automatique pour analyser les préférences des utilisateurs, les plateformes de médias sociaux pourraient proposer du contenu adapté aux intérêts et aux besoins spécifiques de chaque individu. Cela pourrait améliorer l'accès à l'information et encourager l'apprentissage continu et le développement professionnel parmi les utilisateurs africains.

L'IA pourrait également, paradoxalement, jouer un rôle majeur dans la lutte contre la désinformation sur les médias sociaux. En identifiant et en filtrant les fausses nouvelles et les informations trompeuses, l'IA pourrait aider à promouvoir un espace de médias sociaux plus transparent et fiable, contribuant ainsi à une meilleure prise de décision et à une participation citoyenne éclairée en Afrique.

Dans le domaine de l'entrepreneuriat et de la croissance économique, l'IA pourrait être utilisée pour améliorer la visibilité et la portée des entreprises locales et des entrepreneurs sur les médias sociaux. Des algorithmes intelligents pourraient analyser les données des utilisateurs pour identifier les clients potentiels et proposer des stratégies de marketing ciblées, contribuant ainsi à stimuler la croissance des entreprises et à créer de nouvelles opportunités économiques à travers le continent.

Enfin, l'IA pourrait également être utilisée pour faciliter la communication entre les différentes communautés linguistiques en Afrique. Grâce à des outils de traduction automatique de plus en plus sophistiqués, les utilisateurs de médias sociaux pourraient surmonter les barrières linguistiques et partager des idées et des informations avec des personnes de diverses origines culturelles et linguistiques, favorisant ainsi une plus grande compréhension et une collaboration interculturelle.

En somme, en combinant les forces de l'intelligence artificielle et des médias sociaux, nous avons l'occasion de créer un environnement numérique plus inclusif, collaboratif et éclairé en Afrique. En tirant parti de l'IA pour personnaliser le contenu, lutter contre la désinformation, soutenir l'entrepreneuriat et faciliter la communication interculturelle, nous pourrions contribuer à façonner un avenir plus prometteur pour le développement du continent.

Néanmoins, l'utilisation des médias sociaux en Afrique présente également des défis et des risques. La cyberintimidation, la désinformation et les problèmes de confidentialité sont des enjeux majeurs qui doivent être abordés pour garantir que les médias sociaux demeurent une force positive de changement. De plus, les gouvernements et les organismes de régulation doivent trouver un équilibre entre la promotion de la liberté d'expression et la préservation de la sécurité publique.

En regardant vers l'avenir, je suis convaincu que la croissance et l'évolution constantes des médias sociaux en Afrique offrent un immense potentiel de connectivité et d'autonomisation. Avec l'adoption croissante des smartphones et le déploiement de connexions Internet plus rapides, un nombre croissant d'Africains pourra accéder aux médias sociaux, favorisant ainsi un engagement et une collaboration encore plus intenses. Pour exploiter pleinement leur potentiel, il est crucial de relever les défis et les risques liés à leur utilisation, en veillant à ce qu'ils restent une force bénéfique et un catalyseur de changement.

- **Création d'opportunités pour les entreprises et la création d'emplois**

L'expansion du commerce électronique en Afrique est impressionnante, stimulée par une pénétration croissante d'Internet, une utilisation accrue des téléphones mobiles et une classe moyenne émergente avec des revenus disponibles. Des plateformes numériques telles que Jumia, Konga et Kilimall sont devenues des acteurs clés, offrant aux petites et moyennes entreprises (PME) la possibilité d'atteindre un public plus vaste. En éliminant les obstacles à l'entrée pour les entreprises et en facilitant l'accès à de nouveaux marchés, le commerce électronique crée des opportunités pour les entrepreneurs et stimule la création d'emplois dans les domaines de la vente au détail, de la logistique et du service à la clientèle. Les marchés en ligne ont ouvert d'énormes possibilités aux petites entreprises africaines pour se connecter directement aux clients du monde entier, dynamisant le commerce et créant des emplois. Les plateformes de cartographie numérique aident également les agriculteurs africains à identifier les meilleures terres pour la culture et à améliorer les rendements.

La montée en puissance des technologies numériques a également inauguré de nouvelles approches d'apprentissage et de recherche en Afrique. Les ressources pédagogiques en ligne permettent aux étudiants des zones reculées d'accéder plus facilement à des contenus éducatifs de qualité et de développer leurs compétences. De plus, les initiatives open source facilitent la collaboration entre scientifiques africains sur des projets de recherche dans des domaines tels que la médecine, le changement climatique et le développement des énergies renouvelables.

Les médias sociaux ont sans conteste eu l'un des impacts les plus marquants sur la vie quotidienne en Afrique - en reliant les personnes partageant des intérêts ou des objectifs communs, en amplifiant les mouvements sociaux et en donnant une voix à ceux qui pourraient autrement être marginalisés par des régimes autoritaires ou des conditions de pauvreté. Tandis que l'accès aux technologies numériques continue de se propager à travers l'Afrique, leur impact sur le développement économique et la transformation sociale continuera également de croître de manière exponentielle.

Il est indéniable que l'innovation numérique recèle un immense potentiel pour les pays africains; néanmoins, il reste beaucoup à accomplir avant que ces avantages potentiels ne soient pleinement exploités. Les gouvernements doivent investir massivement dans l'amélioration des infrastructures, telles que la connectivité Internet généralisée, et dans des programmes éducatifs visant à fournir aux citoyens les compétences numériques nécessaires pour que ces technologies transforment véritablement la vie des gens sur le continent. Alors que l'accès aux technologies numériques se généralise en Afrique, leur impact sur le développement économique et la transformation sociale continuera également de croître de manière exponentielle. Il est évident que l'innovation numérique offre d'incroyables opportunités pour les pays africains; cependant, il reste encore beaucoup de travail à accomplir avant que ces avantages potentiels ne puissent être pleinement réalisés.

Les gouvernements s'engagent également en mettant en place des politiques qui encouragent les petites entreprises à investir dans des solutions technologiques pour développer leurs activités et créer davantage d'emplois. Par exemple, le gouvernement kényan a lancé une initiative appelée "The Industrialization Revolution" visant à soutenir les start-ups et les PME du secteur technologique au Kenya. Ce programme offre des subventions aux entreprises qui mettent en place des technologies ou des services innovants susceptibles de révolutionner des domaines tels que la santé ou l'agriculture dans le pays.

En outre, l'innovation numérique crée également des opportunités pour les communautés rurales à travers l'Afrique en leur permettant d'accéder à des marchés auxquels elles n'auraient autrement pas accès en raison d'infrastructures médiocres ou de ressources limitées. Cette connectivité accrue permet à ces petites communautés de se connecter avec des acheteurs et des vendeurs extérieurs ainsi que de tenter de pénétrer le marché mondial avec leurs produits ou services sans quitter leur pays d'origine.

Dans l'ensemble, il est clair que l'innovation numérique connaît une croissance exponentielle dans l'ensemble de l'économie africaine, offrant non seulement des opportunités commerciales, mais également la création d'emplois à grande échelle sur tout le continent. Bien qu'il reste encore de nombreux défis à relever, tels que le manque d'infrastructures financières et l'instabilité politique dans certaines régions ; Dans l'ensemble, ces opportunités offrent de vastes potentiels qui permettront aux pays africains de tirer parti de cette ère de croissance technologique, permettant ainsi la stabilité économique à long terme et le succès à travers le continent.

L'innovation numérique transforme le paysage économique de l'Afrique et crée des opportunités sans précédent pour les entreprises et la création d'emplois. En adoptant ces nouvelles technologies et en favorisant un environnement favorable à l'innovation, les nations africaines peuvent libérer tout le potentiel de l'économie numérique, stimuler une croissance durable et améliorer la qualité de vie de millions de personnes. L'avenir de l'Afrique réside dans l'exploitation de la puissance de l'innovation numérique, et il n'y a jamais eu de meilleur moment pour les entreprises, les entrepreneurs et les demandeurs d'emploi pour capitaliser sur les opportunités qu'elle présente.

3.2

Défis et opportunités pour l'innovation numérique en Afrique

Bien que l'Afrique ait un immense potentiel en matière de technologie numérique, elle doit surmonter divers défis pour exploiter pleinement ce potentiel. Pour bénéficier des avantages de l'innovation numérique et favoriser une croissance inclusive, il est crucial de relever ces défis. Cette section explore les principales difficultés qui entravent le développement de la technologie numérique en Afrique et les moyens de les surmonter.

- **Infrastructures et connectivité insuffisantes :**

  Le manque d'infrastructures, surtout dans les zones rurales, représente un défi majeur pour le développement des technologies numériques en Afrique. Un accès limité à Internet abordable et fiable, ainsi qu'une alimentation électrique inconstante et des réseaux de télécommunication médiocres, entravent l'adoption de services et de technologies numériques. Pour surmonter ces obstacles, les gouvernements africains doivent investir dans l'amélioration et l'expansion des infrastructures, en particulier dans les zones rurales, et encourager les partenariats public-privé pour faciliter le développement de la connectivité numérique.

- **Alphabétisation numérique et manque de compétences :**

  Un manque d'alphabétisation numérique et un déficit de compétences dans le secteur technologique constituent des défis importants pour la croissance des technologies numériques en Afrique. Beaucoup de personnes n'ont pas les compétences numériques requises pour tirer parti des opportunités offertes par l'innovation numérique. Pour résoudre ce problème, les gouvernements et les institutions éducatives doivent prioriser les programmes d'alphabétisation numérique et promouvoir le développement de compétences liées à la technologie grâce à l'éducation et la formation professionnelle.

- **Accessibilité des appareils et services :**

  Le coût élevé des appareils et services numériques représente un obstacle majeur à l'adoption des technologies numériques en Afrique. Beaucoup de personnes ne peuvent pas se permettre d'acheter des smartphones ou des ordinateurs, ce qui limite leur accès à l'économie numérique. Les gouvernements et les acteurs du secteur privé doivent collaborer pour rendre les appareils et services numériques plus accessibles, grâce à des initiatives telles que des subventions, des incitations fiscales et une production locale.

- **Problèmes de confidentialité et de sécurité des données :**

  La confidentialité et la sécurité des données sont des préoccupations croissantes à l'ère numérique, et l'Afrique n'échappe pas à cette tendance. Des lois de protection des données faibles et une capacité d'application limitée peuvent éroder la confiance dans les services numériques et dissuader les utilisateurs d'adopter les technologies numériques. Les gouvernements africains doivent mettre en place des régulations solides en matière de protection des données et investir dans les infrastructures de cybersécurité pour assurer la confidentialité et la sécurité des informations des utilisateurs.

- **Cadre réglementaire fragmenté et dépassé :**

  Dans plusieurs pays africains, le contexte réglementaire des technologies numériques est morcelé et démodé. Cela nuit à la croissance des entreprises innovantes et limite les possibilités de collaboration transfrontalière. Les gouvernements doivent chercher à harmoniser les régulations et créer un environnement propice à l'innovation numérique, encourageant ainsi une coopération et une intégration accrues sur le continent.

Il est crucial de surmonter ces défis pour exploiter pleinement le potentiel des technologies numériques en Afrique. En investissant dans les infrastructures, en encourageant l'alphabétisation numérique, en assurant l'accessibilité, en renforçant la confidentialité et la sécurité des données et en promouvant un cadre réglementaire adapté, les pays africains peuvent surmonter les obstacles au développement des technologies numériques et profiter de leur potentiel de transformation. Cela stimulera non seulement la croissance économique et la création d'emplois, mais améliorera également la qualité de vie de millions de personnes sur le continent.

L'impact de l'innovation numérique sur l'Afrique a été considérable, ouvrant de nouvelles opportunités pour les entreprises, la création d'emplois et le développement socio-économique. À mesure que nous progressons et adoptons la révolution numérique, il est important de mettre en avant les succès et les exemples illustrant l'ingéniosité et la résilience africaines pour surmonter les défis mentionnés précédemment. Ces exemples montrent non seulement le potentiel des technologies numériques pour transformer le continent, mais servent également de source d'inspiration pour les futurs innovateurs et entrepreneurs. Dans la section suivante, nous explorerons quelques succès remarquables et exemples qui illustrent la force de l'innovation numérique en Afrique.

3.3

SYMBIOSE : Favoriser une croissance Interconnectée dans le paysage numérique africain

La prospérité symbiotique, dans le cadre des relations entre humains et machines, se réfère à un état où les deux entités coexistent et coopèrent de manière bénéfique mutuellement, améliorant les capacités l'un de l'autre et contribuant à la croissance et au bien-être collectifs. Ce concept reconnaît l'interdépendance entre ingéniosité humaine et intelligence artificielle, et met l'accent sur le potentiel de la combinaison de ces forces pour atteindre des niveaux d'innovation et de progrès encore plus élevés.

Suite aux discussions présentées précédemment dans ce livre, il est clair que ni les humains ni les machines ne peuvent atteindre leur plein potentiel séparément. La puissance de la créativité humaine et de la pensée critique, lorsqu'elle est complétée par l'efficacité et les capacités de traitement des données des machines, peut mener à des progrès extraordinaires dans divers domaines. Cette relation harmonieuse entre humains et machines peut nous propulser vers un avenir florissant, où les deux entités travaillent ensemble pour relever les défis et créer un monde meilleur.

Dans le contexte africain, la prospérité symbiotique nous rappelle que, en tant que continent, nous devons unir et exploiter les forces collectives de nos diverses nations, populations et cultures. En adoptant la collaboration et en tirant parti de la puissance de l'intellect humain et de l'intelligence artificielle, nous pouvons surmonter nos défis spécifiques et créer une société prospère et numérique. Cette vision de prospérité symbiotique appelle à l'unité africaine, nous encourageant à travailler ensemble pour construire un avenir meilleur pour nous et les générations futures.

En tant que consultant africain en innovation numérique, je suis à la fois enthousiaste et passionné par l'énorme potentiel que recèle notre continent dans le domaine de la technologie. Pendant trop longtemps, nous avons été spectateurs de la révolution numérique mondiale, mais c'est maintenant notre tour d'émerger en tant qu'acteurs clés et innovateurs. Ce chapitre vise à explorer le concept de prospérité symbiotique dans le parcours de l'innovation numérique en Afrique, en soulignant comment nous pouvons favoriser un écosystème mutuellement bénéfique qui fait progresser notre continent.

Pour résumer ma vision, j'ai élaboré une stratégie centrée autour de sept éléments essentiels, qui forment ensemble une approche solide et globale pour stimuler le développement de l'Afrique par l'innovation. L'acronyme de cette stratégie est SYMBIOSE, et il représente un engagement à tirer parti de l'avantage de l'ingéniosité africaine tout en favorisant la collaboration entre humains et machines.

Au fur et à mesure que nous approfondirons les composants de SYMBIOSE, je dévoilerai chaque élément, en soulignant leur importance pour façonner un avenir meilleur et plus durable pour notre continent. Ensemble, ces éléments contribueront à révolutionner le paysage numérique de l'Afrique et à nous donner l'assurance que nous restons à la pointe des avancées technologiques.

Voici les aspects clés de l'avantage de l'ingéniosité africaine :

- **Synergie :** La collaboration et l'entraide entre les pays africains et les divers acteurs sont indispensables pour stimuler l'innovation et la prospérité sur le continent. L'héritage culturel et les traditions variées de l'Afrique offrent des perspectives uniques pour résoudre des problèmes, stimuler la créativité et l'innovation. En collaborant et en partageant des ressources, des connaissances et des compétences, les pays africains peuvent relever les défis communs et créer une prospérité partagée.

- **Mobilité :** Encourager la libre circulation des talents, des idées et des ressources est crucial pour soutenir l'innovation et la croissance en Afrique. En promouvant des technologies et des plates-formes open source, en améliorant les infrastructures et les politiques pour faciliter la circulation des personnes, et en créant des réseaux pour les entrepreneurs, chercheurs et experts, les pays africains peuvent créer un environnement propice à la circulation des talents et des idées.

- **Biorégionalisme :** Utiliser les ressources et les compétences locales pour créer des solutions adaptées aux besoins spécifiques des régions africaines est essentiel pour stimuler l'innovation et la croissance durables. Le biorégionalisme met l'accent sur l'importance d'exploiter les écosystèmes, les ressources et le patrimoine culturel locaux pour développer des innovations durables et contextuellement adaptées. Les solutions durables répondent aux besoins immédiats et offrent des avantages à long terme pour les personnes et l'environnement. En accordant la priorité à la durabilité, l'Afrique peut assurer une prospérité et un bien-être durables pour les générations futures.

- **Ingéniosité :** L'Afrique est reconnue pour sa capacité à produire des solutions innovantes malgré des ressources limitées, souvent appelées « innovation frugale » ou « Jugaad ». Cette approche de résolution de problèmes se caractérise par des solutions peu coûteuses, efficaces et durables qui répondent aux défis du monde réel; faire mieux avec moins.

- **Ouverture :** L'adoption harmonieuse de la symbiose homme-machine en Afrique peut libérer un potentiel incroyable, propulsant le continent au premier plan de l'innovation numérique mondiale. En combinant l'ingéniosité humaine avec les technologies de pointe, l'Afrique peut capitaliser sur ses forces et perspectives uniques pour créer un avenir prospère et durable.

- **Souveraineté :** La capacité d'une nation à se gouverner est cruciale pour stimuler le développement de l'Afrique grâce à l'innovation. Les nations africaines doivent avoir la liberté et l'autonomie pour définir leurs propres politiques, hiérarchiser leurs besoins et développer leurs propres solutions technologiques. La souveraineté crée un environnement propice à la prise de risques, à l'expérimentation et au développement de solutions innovantes adaptées aux besoins locaux.

- **Essence :** Comprendre et définir nos valeurs fondamentales est un aspect crucial, et bien qu'il puisse sembler moins concret, il est potentiellement le plus important. La conscience numérique est de plus en plus importante dans notre monde moderne, où la technologie s'infiltre de plus en plus dans nos vies. En Afrique, avec ses nombreuses cultures enracinées dans des croyances spirituelles et des religions, il est particulièrement essentiel de saisir comment ces éléments peuvent être utilisés pour construire un avenir meilleur. En intégrant les technologies numériques tout en conservant un sens de la pleine conscience et de la spiritualité, les communautés africaines ont la possibilité de tisser des liens significatifs entre elles, qui réduisent la distance physique et rassemblent des individus issus de diverses régions du continent. C'est en s'engageant de manière consciente et réfléchie avec la technologie que cette union peut être réalisée.

À mon avis, la notion de SYMBIOSE est notre unique opportunité pour parvenir à une prospérité mutuellement bénéfique. L'application de SYMBIOSE à divers segments de la société peut favoriser le progrès durable, l'innovation et la prospérité sur le continent africain. Voici comment chaque groupe peut en tirer avantage et participer au modèle SYMBIOSE :

- **Professionnels et entrepreneurs :**

  Adopter les principes SYMBIOSE en créant des solutions innovantes qui répondent aux défis locaux, en utilisant les ressources locales et en favorisant la collaboration avec d'autres professionnels africains. Encourager la mobilité des idées, des talents et des ressources pour soutenir la croissance sur le continent et s'engager auprès des communautés locales pour assurer le développement de solutions culturellement pertinentes et durables.

- **Décideurs politiques en Afrique :**

  Élaborer et mettre en œuvre des politiques qui s'alignent sur le cadre SYMBIOSE, en promouvant la collaboration transfrontalière et le soutien aux initiatives innovantes. Encourager les investissements dans l'éducation et la recherche pour favoriser une culture de l'innovation et soutenir le développement de solutions d'IA locales. Établir des environnements réglementaires qui facilitent l'utilisation responsable de l'IA et des technologies émergentes tout en protégeant les droits, la vie privée et le bien-être des citoyens.

- - **Étudiants, enseignants et chercheurs :**

  Promouvoir l'étude de l'IA et de son impact potentiel sur le continent, en se concentrant sur les implications éthiques, sociales et économiques. S'engager dans une recherche interdisciplinaire qui explore l'intersection de l'IA, de la culture et du développement durable en Afrique, et chercher à développer des solutions fondées sur les principes SYMBIOSE. Encourager le partage des connaissances et la collaboration entre les établissements d'enseignement africains afin de créer une base solide pour les innovations futures.

- **Organisations internationales, ONG et agences de développement :**

  Soutenir les projets et initiatives qui s'alignent sur le cadre SYMBIOSE et contribuent au développement durable en Afrique. Favoriser les partenariats entre les acteurs africains et les organisations internationales pour promouvoir l'échange de connaissances, de ressources et de meilleures pratiques. Encourager l'inclusion des perspectives africaines dans les discussions mondiales sur l'IA et les technologies émergentes.

- **Passionnés de technologie et lecteurs généraux du monde entier :**

  Reconnaître le potentiel de l'IA en Afrique et son rôle dans la résolution des différents défis auxquels le continent est confronté. Reconnaître les contextes culturels, sociaux et économiques uniques dans lesquels les innovations en IA sont développées en Afrique et soutenir les initiatives qui reflètent les principes SYMBIOSE. Engagez des conversations et des débats qui soulignent l'importance d'un développement éthique, inclusif et durable axé sur l'IA en Afrique.

En embrassant le modèle SYMBIOSE, ces différents groupes peuvent, ensemble, œuvrer pour un futur dans lequel l'intelligence artificielle et l'innovation numérique favorisent le développement durable, la prospérité et un avenir prometteur pour l'Afrique. C'est d'abord en forgeant des relations symbiotiques entre ces acteurs que nous pourrons atteindre cet objectif.

Sur cette note positive, nous nous tournons maintenant vers le quatrième chapitre : Cultiver l'innovation : Redéfinir l'éducation et les opportunités en Afrique, dans lequel nous explorerons comment transformer l'éducation et les opportunités professionnelles pour stimuler la croissance du continent. Nous aborderons les défis actuels de l'éducation, l'importance de l'innovation et de la créativité, l'accès à l'éducation pour les populations marginalisées et la collaboration entre différents acteurs du secteur. Ensemble, ces éléments contribueront à créer un avenir meilleur pour tous les Africains.

Chapitre VI

CULTIVER L'INNOVATION : RÉINVENTER L'ÉDUCATION ET LES OPPORTUNITÉS EN AFRIQUE

Dans ce chapitre, nous nous penchons sur les aspects critiques qui façonneront l'avenir du paysage de l'innovation numérique en Afrique. Alors que nous embrassons le pouvoir de transformation des technologies émergentes, il est essentiel de reconnaître que le fondement d'un écosystème d'innovation florissant réside dans un système éducatif bien équilibré et avant-gardiste. Nous explorerons la nécessité de réinventer le paysage éducatif de l'Afrique pour favoriser une génération de professionnels qualifiés, d'entrepreneurs et de dirigeants qui sont équipés pour naviguer dans le monde numérique en évolution rapide.

Nous discuterons également de l'importance de créer de nouvelles compétences et opportunités d'emploi qui correspondent aux exigences de l'avenir, en veillant à ce que la main-d'œuvre africaine reste compétitive sur la scène mondiale. De plus, nous examinerons le rôle crucial des gouvernements, des entreprises et des individus dans la conduite du changement et la promotion d'un environnement collaboratif qui nourrit l'innovation.

Tout au long de ce chapitre, nous fournirons des idées et des stratégies pour permettre aux parties prenantes à travers le continent de travailler ensemble pour façonner un avenir brillant, marqué par une croissance durable et une culture florissante de l'innovation en Afrique. Rejoignez-nous alors que nous découvrons le potentiel qui réside dans nos efforts collectifs pour assurer un avenir prospère et innovant pour le continent africain.

4.1

La nécessité de repenser le système éducatif africain

Mon parcours éducatif paradoxal, comme j'ai commencé à le mentionner au début de ce livre, marqué par des difficultés dans le système éducatif traditionnel tout en enregistrant des succès dans le monde de l'innovation numérique, témoigne du fait que le paysage éducatif africain nécessite une importante transformation. Le programme conventionnel et les approches pédagogiques échouent souvent à nourrir les talents et les passions uniques d'étudiants comme moi, qui trouvent leur vocation en dehors des limites des salles de classe traditionnelles.

Alors que j'étais aux prises avec de faibles notes au lycée, je faisais mes premiers pas sur la scène de l'innovation numérique, remportant des concours d'innovation. Cette contradiction apparente met en évidence la nécessité de réinventer le système éducatif africain pour tenir compte des divers intérêts et aptitudes de ses élèves, en particulier dans le domaine en constante évolution de l'innovation numérique.

Pour libérer le potentiel de la jeunesse africaine et lui donner les compétences nécessaires pour prospérer à l'ère numérique, nous devons réévaluer et réformer nos structures éducatives. En favorisant une culture de curiosité, de créativité et d'adaptabilité, nous pouvons cultiver une génération de résolveurs de problèmes et d'innovateurs prêts à conduire la transformation numérique de l'Afrique.

Comme je le demande souvent à mes étudiants et que je me pose la question : quelles connaissances devons-nous acquérir aujourd'hui que l'IA ne dépassera pas au moment où ils obtiendront leur diplôme et entreront sur le marché du travail ?

La nécessité de repenser le système éducatif africain commence par cette question. Notre paysage technologique en évolution rapide exige que nous réévaluions notre approche de l'éducation, en particulier face aux progrès de l'IA. Les programmes et les méthodes d'enseignement traditionnels peuvent ne pas préparer adéquatement les étudiants pour l'avenir, car l'IA continue de surpasser les humains dans diverses tâches et secteurs. Pour assurer un avenir prospère à nos jeunes, nous devons adapter nos systèmes éducatifs pour saisir les opportunités et les défis créés par l'IA et d'autres technologies émergentes.

En tant qu'éducateur dans les domaines de l'innovation et de la technologie, j'ai pris conscience de l'immense défi de dispenser des cours de manière traditionnelle. Le rythme rapide des changements dans ces domaines rend de plus en plus difficile la présentation d'un programme fixe qui reste pertinent pendant longtemps. Les idées révolutionnaires d'aujourd'hui peuvent devenir obsolètes demain, littéralement. Laissant aux étudiants des connaissances qui ne sont peut-être plus applicables dans le monde réel. Ce paysage en constante évolution nécessite un changement dans notre approche de l'enseignement, en s'éloignant de l'information forcée et en favorisant une culture d'apprentissage continu, de curiosité et d'adaptabilité. En encourageant les étudiants à adopter le changement et à se tenir au courant des dernières avancées, nous pouvons leur donner les moyens de naviguer dans le monde dynamique de l'innovation et de la technologie avec confiance et résilience.

J'en ai fait l'expérience en tant qu'ambassadeur et consultant pour Zone01, co-fondée par Nicolas Sadirac. Dans son livre "L'éducation recodée", Sadirac offre une perspective stimulante sur notre approche actuelle de l'apprentissage. Il affirme que "l'apprentissage est inutile, dangereux et rend stupide". Bien que cette affirmation soit sujette à controverse, elle met en évidence les limites des méthodes d'apprentissage traditionnelles dans le monde d'aujourd'hui en évolution rapide et axé sur la technologie.

L'argument de Sadirac met l'accent sur la nécessité de passer d'un modèle d'apprentissage linéaire basé sur les connaissances à un modèle qui favorise la créativité, la pensée critique et l'adaptabilité. Essentiellement, il nous met au défi de reconsidérer la valeur de la simple acquisition de connaissances lorsque les informations que nous apprenons peuvent rapidement devenir obsolètes. Au lieu de cela, nous devrions nous concentrer sur le développement des compétences et de l'état d'esprit nécessaires pour prospérer dans un paysage en constante évolution, où la capacité d'apprendre, de désapprendre et de réapprendre est primordiale.

En adoptant cette nouvelle approche de l'éducation, nous pouvons permettre aux étudiants de naviguer dans les complexités de notre monde en évolution rapide avec confiance, résilience et ingéniosité. Cet état d'esprit favorise un amour permanent de l'apprentissage et donne aux individus les outils dont ils ont besoin pour s'adapter et exceller face au changement constant.

À l'ère de l'IA, construire un système éducatif entièrement axé sur l'innovation et la créativité est non seulement essentiel, mais la seule voie viable. À mesure que la technologie progresse rapidement, les approches traditionnelles de l'éducation et du développement des compétences seront insuffisantes pour préparer les étudiants aux défis et aux opportunités de l'avenir. L'Afrique dispose de plusieurs atouts dont elle peut tirer parti dans ce contexte :

- **Population jeune :** L'Afrique a la population la plus jeune du monde, avec plus de 60 % de sa population âgée de moins de 25 ans. Cette population jeune représente un vaste bassin de talents, d'énergie et de créativité potentiels qui peuvent stimuler l'innovation et le développement à travers le continent. .

- **Diversité culturelle :** Le riche patrimoine culturel et les diverses traditions de l'Afrique offrent une perspective unique sur la résolution de problèmes, la créativité et l'innovation. En puisant dans cette richesse culturelle, les innovateurs africains peuvent développer des solutions profondément ancrées dans les contextes locaux qui résonnent avec les besoins et les aspirations des populations.

- **Esprit d'entreprise :** De nombreux pays africains ont une forte culture entrepreneuriale, les individus et les communautés trouvant souvent des solutions créatives pour surmonter les ressources limitées et les défis infrastructurels. En favorisant cet esprit d'entreprise au sein du système éducatif, les pays africains peuvent créer un environnement propice à l'innovation, à la collaboration et à la prise de risques.

- **Accroître l'accès à la technologie :** Avec un accès croissant à Internet et aux technologies numériques, l'Afrique a la possibilité de surmonter les barrières éducatives traditionnelles et d'adopter de nouveaux modèles d'apprentissage qui mettent l'accent sur la créativité, la collaboration et l'innovation.
- **Potentiel de collaboration :** En promouvant la collaboration et le soutien mutuel entre les pays africains et les diverses parties prenantes, l'Afrique peut exploiter la puissance de l'intelligence collective pour relever ses défis uniques et saisir les opportunités de croissance et de développement.

En réimaginant son système éducatif autour de l'innovation et de la créativité, l'Afrique peut tirer parti de ses atouts et préparer sa jeunesse à prospérer à l'ère de l'IA. Cette nouvelle approche permettra au continent d'exploiter tout le potentiel de son capital humain, de stimuler le développement durable et de s'imposer comme un leader mondial dans le paysage de l'innovation numérique.

4.2

Développer de nouvelles compétences et des opportunités d'emploi pour l'avenir

Le 30 janvier dernier, alors que je regardais la télévision, j'ai vu des élèves de nombreuses régions du Sénégal sortir ensemble pour dénoncer la lourdeur et l'obsolescence de leur programme scolaire[37]. Je n'ai pu m'empêcher de ressentir une connexion profonde avec leurs préoccupations. Les images des rues animées par des enfants profondément préoccupés par la pertinence de ce que nous avons choisi de leur enseigner nous pousse à réfléchir à l'avenir de notre système éducatif.

Je me suis demandé : comment pouvons-nous transformer notre système éducatif pour mieux préparer les jeunes à un monde en pleine mutation, un monde dans lequel l'intelligence artificielle est en train de remodeler les compétences nécessaires pour réussir ? J'ai songé à l'importance de développer de nouvelles compétences et de créer des opportunités d'emploi pour l'avenir, et je me suis rendu compte que la réponse résidait dans notre capacité à être réceptifs et adaptables.

Les élèves demandaient au ministère chargé de l'éducation l'intégration de l'histoire de nos guides religieux à la place des autres histoires européennes ou étrangères. Bien qu'eux-mêmes ignorent certainement les enjeux actuels du

[37] https://sn.notrecontinent.com/2023/01/30/les-eleves-reunis-autour-du-mouvement-pour-la-reduction-du-programme-scolaire-sont-en-greve/

monde ainsi que d'autres implications relevant d'enjeux qui les dépassent, leur appel à un changement profond dans le système éducatif révélait une insatisfaction sous-jacente avec les méthodes d'enseignement traditionnelles et le contenu des cours.

Pour répondre à cette insatisfaction et préparer les jeunes à l'ère de l'IA, nous devons repenser notre système éducatif de manière fondamentale. Les programmes doivent être révisés pour inclure des compétences pertinentes pour l'ère de l'IA. Nous devons également encourager l'apprentissage tout au long de la vie, en offrant des possibilités de formation continue pour les personnes de tous âges et de tous horizons.

Enfin, il est essentiel d'établir des partenariats entre les écoles, les entreprises et les organisations communautaires pour créer des opportunités d'apprentissage en dehors de la salle de classe. Les stages, les ateliers et les projets communautaires peuvent tous servir de tremplin pour les élèves, leur permettant de mettre en pratique leurs compétences nouvellement acquises et de les préparer à des carrières solides et gratifiantes.

Ce jour- là, en regardant les élèves à la télévision, je me suis senti inspiré par leur détermination à défier un système éducatif désuet. J'ai compris que nous avons la responsabilité collective de repenser notre approche de l'éducation, de manière à garantir un avenir prospère et symbiotique pour tous.

Le système éducatif actuel doit ainsi subir une transformation profonde pour préparer les nouvelles générations à affronter et exploiter les opportunités offertes par l'intelligence artificielle, en vue d'une prospérité symbiotique. Voici humblement quelques suggestions pour y parvenir :

- **Intégration de la technologie dès le préscolaire :** Enseigner aux enfants dès leur plus jeune âge les bases de l'utilisation des technologies numériques, en les initiant à l'informatique et à la programmation de manière ludique, leur permettra de s'adapter rapidement à l'évolution technologique.

- **Enseigner les soft-skills :** Mettre l'accent sur l'enseignement des compétences interpersonnelles, telles que la communication, la gestion du temps, la prise de décision, la résilience et la gestion des conflits, dès le plus jeune âge. Ces compétences permettront aux individus de mieux collaborer, s'adapter et résoudre les problèmes dans un environnement de travail de plus en plus automatisé et numérique. En réalité, il s'agit peut-être d'ailleurs là de notre valeur ajoutée la moins menacée par les machines.

- **Encourager le travail d'équipe et la collaboration :** Organiser des projets et des activités en groupe qui impliquent des élèves de différents niveaux et disciplines pour favoriser l'esprit d'équipe, la coopération et la diversité des compétences. Cela préparera les élèves à travailler efficacement avec des collègues de divers horizons et à développer des solutions innovantes ensemble.

- **Promouvoir l'autonomie et la responsabilité :** Notre système éducatif nous tiens trop par la main du préscolaire jusqu'au doctorat avant de nous laisse brusquement à nous même, il faudrait aider les élèves à développer leur autonomie et leur sens des responsabilités en leur permettant de planifier et de mener à bien des projets personnels, en les encourageant à prendre des initiatives et à apprendre de leurs erreurs.

- **Développer l'intelligence émotionnelle :** Intégrer l'enseignement de l'intelligence émotionnelle dans les programmes scolaires, en aidant les élèves à identifier et à gérer leurs émotions, à comprendre celles des autres et à développer de l'empathie. Ceci est crucial pour créer des environnements de travail sains et harmonieux dans un monde de plus en plus connecté.

- **Apprentissage tout au long de la vie :** Encourager les individus à considérer l'apprentissage comme un processus continu plutôt que comme une étape ponctuelle de leur vie. Mettre en place des programmes de formation continue, des ateliers et des séminaires pour les adultes, afin qu'ils puissent continuellement améliorer leurs compétences et s'adapter aux changements technologiques et économiques perpétuels.

- **Renforcer les liens entre l'éducation formelle et informelle :** Valoriser et promouvoir les apprentissages informels, tels que les stages, les formations en entreprise et les expériences professionnelles, comme faisant partie intégrante du parcours éducatif d'un individu.

- **Encourager la pensée critique et l'innovation à l'école élémentaire :** Renforcer la résolution de problèmes, la pensée critique et la créativité dès les premières années scolaires, en proposant des activités pédagogiques et des projets qui stimulent la curiosité et l'ingéniosité des élèves.

- **Développer les compétences en IA et en sciences des données au cycle moyen :** Introduire des cours d'initiation à l'intelligence artificielle, au machine learning et aux sciences des données, en utilisant des exemples concrets et des projets pratiques pour que les élèves comprennent leur impact sur la société et l'économie.
- **Adapter le cycle secondaire aux défis du 21e siècle :** Offrir aux élèves des formations spécialisées dans les domaines liés à l'IA, comme la robotique, la vision par ordinateur ou le traitement du langage naturel, tout en continuant à renforcer leurs compétences en communication, en leadership et en travail d'équipe.
- **Créer des partenariats avec les entreprises et les institutions :** Favoriser la collaboration entre les écoles, les universités, les entreprises et les institutions gouvernementales pour assurer la formation continue des enseignants, le partage des ressources et la mise en place de programmes de stages pour les étudiants.
- **Renforcer les liens entre l'éducation formelle et les sources alternatives de savoir :** cela est crucial pour préparer la génération future à tirer profit de l'IA et de l'innovation numérique. En intégrant les connaissances locales et traditionnelles, en collaborant avec les organisations communautaires et les experts locaux, en utilisant les technologies numériques pour élargir l'accès à l'information, en promouvant l'apprentissage par projet et l'expérimentation, et en soutenant les initiatives d'éducation non formelle, les écoles peuvent offrir aux

élèves une expérience éducative plus riche et diversifiée, qui les prépare efficacement à affronter les défis du monde moderne.

- **Entrepreneuriat et innovation :** Les jeunes Africains ont le potentiel de devenir des innovateurs et des entrepreneurs s'ils disposent des bons outils et ressources. En offrant aux individus des cours de littératie financière, des cours de planification d'entreprise et un accès au capital, les pays africains peuvent favoriser un écosystème de startups dynamique qui crée de nouvelles opportunités d'emploi pour les citoyens. De plus, les programmes de mentorat peuvent aider à mettre en relation les aspirants entrepreneurs avec des professionnels expérimentés qui peuvent fournir des conseils sur les meilleures pratiques pour lancer et développer une entreprise.

L'avenir de l'Afrique est plein de promesses, mais seulement si ses habitants disposent des outils nécessaires pour réussir. En investissant dans l'éducation et la formation, les pays africains peuvent créer une économie dynamique et offrir de meilleures opportunités de carrière à leurs citoyens pour les générations à venir. C'est l'heure de l'action décisive ; l'avenir de l'Afrique en dépend. C'est dans ce contexte que nous devons examiner le rôle crucial des gouvernements, des entreprises et des individus dans la conduite de ce changement impératif. Chacun a un rôle à jouer et des responsabilités à assumer pour construire un avenir où l'éducation correspond aux besoins du 21e siècle et aux défis de l'intelligence artificielle. Ensemble, ils peuvent créer un partenariat solide et durable pour assurer la prospérité mutuelle de nos communautés et de nos économies. Nous allons maintenant examiner comment ces différents acteurs peuvent contribuer à cette transformation et initier un changement positif pour les générations futures.

Pour rendre l'utilisation d'Internet et ultérieurement des outils comme l'IA dans les écoles sénégalaises et africaines, je propose les mesures suivantes :

- Investir dans l'infrastructure Internet, surtout dans les régions rurales.
- Utiliser la connectivité mobile via les smartphones.
- Négocier des forfaits Internet à tarifs réduits pour les écoles (ce qui est déjà le cas dans certaines universités publiques).
- Mettre en place des centres communautaires d'accès à Internet dans les zones où l'accès est limité.
- Former les enseignants à l'utilisation d'Internet comme outil pédagogique, certains sont encore en retrait sur ce point.
- Établir des partenariats avec des acteurs locaux ou internationaux pour soutenir l'initiative.
- Sensibiliser les communautés à l'importance de l'utilisation d'Internet dans l'éducation.
- Procéder par étapes, en commençant par des projets pilotes dans certaines régions.

La mise en œuvre de ces suggestions nécessite des ressources, un engagement politique fort et une collaboration efficace entre toutes les parties prenantes. Chaque partie prenante a ainsi un rôle à jouer dans cette révolution et c'est en travaillant ensemble que nous pourrons créer un avenir plus prometteur pour l'Afrique.

4.3

Le rôle des gouvernements, des entreprises et des individus dans la conduite du changement

Dans le monde d'aujourd'hui en évolution rapide, l'importance de la collaboration entre les gouvernements, les entreprises et les individus ne doit pas être sous-estimée. Alors que nous travaillons à la construction d'un avenir meilleur pour l'Afrique, il est crucial que toutes les parties prenantes assument leur responsabilité partagée dans la conduite du changement. Dans ce chapitre, nous discuterons des rôles des gouvernements, des entreprises et des individus dans la promotion de l'innovation, de l'éducation et de la croissance économique, en mettant l'accent sur les mesures pratiques qui peuvent être prises pour atteindre ces objectifs.

L'histoire nous a montré que la meilleure façon de créer la prospérité et le progrès passe par la collaboration. Les gouvernements, les entreprises, les particuliers et les organisations non gouvernementales doivent tous s'unir si nous voulons créer un avenir véritablement durable et prospère pour notre continent. Cela est particulièrement vrai en ce qui concerne l'innovation numérique en Afrique. En comprenant l'importance des relations symbiotiques entre les gouvernements, les entreprises et les individus dans la création de systèmes numériques performants et innovants, nous pouvons tirer parti de ces connexions pour stimuler la croissance et le développement sur notre continent.

- **Les gouvernements**

  Le rôle des gouvernements dans la transformation de l'Afrique pour un avenir meilleur est inestimable. Grâce à un leadership visionnaire, une planification stratégique et des interventions ciblées, ils peuvent créer un environnement propice à l'innovation, l'éducation et la croissance économique. Explorons les différentes mesures que les gouvernements pourraient prendre pour contribuer à la métamorphose de l'Afrique.

  - Investir dans les infrastructures et la technologie est une responsabilité majeure des gouvernements. En construisant et maintenant des routes, des systèmes de transport et des réseaux de télécommunications, ils facilitent le commerce, la collaboration et l'échange d'idées à travers le continent. Il est crucial de garantir un accès fiable et abordable à l'électricité et à internet pour favoriser l'innovation numérique et l'entrepreneuriat. Les gouvernements devraient prioriser le développement de l'infrastructure numérique, qui attirera des investissements et créera de nouvelles opportunités de croissance économique.

  - Les gouvernements ont également un rôle central dans la formation du paysage éducatif de leurs pays. En réformant les programmes pour mettre l'accent sur l'innovation, la créativité et la pensée critique, ils préparent les générations futures à relever les défis du XXIe siècle. Il est essentiel d'investir dans les enseignants et les établissements d'enseignement pour garantir un accès équitable à une éducation de qualité. Les programmes de formation professionnelle et d'apprentissage renforcent les capacités individuelles pour réussir sur un marché du travail en constante évolution. Les gouvernements devraient également s'efforcer de promouvoir l'égalité des sexes et l'inclusion sociale dans l'éducation.

- Créer des cadres réglementaires et des politiques favorables est une autre responsabilité des gouvernements. En établissant des règles claires et transparentes pour les entreprises, les investisseurs et les entrepreneurs, ils favorisent un environnement de confiance et de prévisibilité. La réduction des obstacles bureaucratiques et la rationalisation des processus peuvent également rendre l'environnement des affaires plus accueillant. Les gouvernements devraient soutenir activement le développement des droits de propriété intellectuelle et la mise en œuvre de réglementations en matière de protection des données et de respect de la vie privée.

- Fournir un soutien financier et des incitations aux entreprises et aux individus est un autre moyen pour les gouvernements de conduire le changement. Les subventions, les allégements fiscaux et les aides peuvent stimuler l'innovation et l'esprit d'entreprise, ainsi qu'attirer les investissements étrangers. En allouant des fonds à la recherche et au développement, les gouvernements encouragent la croissance de nouvelles industries et la découverte de nouvelles technologies.

- L'établissement de partenariats public-privé est également essentiel. En collaborant avec les entreprises, les gouvernements tirent parti de l'expertise et des ressources du secteur privé pour développer des solutions innovantes aux défis urgents. Ces collaborations peuvent entraîner une utilisation plus efficace des ressources, de meilleurs résultats pour les citoyens et la création de valeur commune.

- **Les entreprises et organisations**

Les entreprises et organisations ont un potentiel considérable pour générer des changements positifs en Afrique. En innovant, en investissant et en collaborant, elles peuvent créer des opportunités économiques, soutenir le développement et contribuer à la croissance du continent. Il est essentiel d'examiner les mesures pratiques que les entreprises peuvent mettre en œuvre pour devenir des agents de changement en Afrique, tout en adoptant une approche réaliste.

Investir dans l'innovation est un moyen pour les entreprises de favoriser le changement. En soutenant le développement de nouvelles technologies, produits et services, elles peuvent apporter des solutions révolutionnaires pour relever des défis urgents, améliorer les conditions de vie et créer de nouvelles opportunités économiques. L'entrepreneuriat est également un moteur de croissance économique et de progrès social, et les entreprises ont un rôle à jouer en soutenant les entrepreneurs à travers du mentorat, de la formation et l'accès aux ressources.

Créer des emplois de qualité est une responsabilité des entreprises, qui doivent offrir des salaires équitables, des conditions de travail sûres et des opportunités de croissance et de développement. S'engager pour la durabilité est également crucial, en adoptant des pratiques respectueuses de l'environnement et en développant des produits et services ayant un impact social et environnemental positif.

Les entreprises peuvent soutenir l'éducation et le développement des compétences en investissant dans des initiatives en la matière. Cela peut inclure des partenariats avec des établissements d'enseignement pour soutenir la recherche et offrir des opportunités de formation aux employés. S'engager auprès des communautés locales est également essentiel, en comprenant leurs besoins et en investissant dans des projets de développement communautaire.

Collaborer avec les gouvernements et d'autres parties prenantes est un élément clé pour conduire le changement. Les entreprises peuvent s'associer à des acteurs publics et privés pour relever des défis urgents et contribuer à l'élaboration de politiques et d'initiatives favorisant le progrès. Enfin, il est important pour les entreprises d'adopter des pratiques commerciales responsables, en respectant les droits de l'homme et en luttant contre la corruption.

En résumé, les entreprises ont le pouvoir et la responsabilité d'agir en tant qu'agents de changement en Afrique. En se concentrant sur l'innovation, l'esprit d'entreprise, la création d'emplois de qualité, la durabilité, l'éducation, l'engagement communautaire, la collaboration avec les gouvernements et d'autres parties prenantes, et en promouvant des pratiques commerciales responsables, les entreprises peuvent stimuler le progrès et contribuer à un avenir meilleur pour le continent.

- **Les individus**

À l'ère de l'intelligence artificielle (IA), les individus ont un rôle crucial à jouer pour façonner l'avenir de l'Afrique grâce à leurs actions, leurs choix et leurs engagements. Les avancées technologiques offrent des opportunités inédites pour stimuler la croissance économique, résoudre des problèmes complexes et améliorer la qualité de vie sur le continent. Les individus peuvent contribuer au progrès de l'Afrique à l'ère de l'IA de plusieurs manières.

L'éducation et le développement des compétences sont essentiels pour permettre aux individus de participer activement à cette révolution technologique. En acquérant des compétences qui sembleront de plus en plus simple mais pourtant spécialisées telles que l'utilisation de ChatGPT, l'écriture de prompts[38], etc, les individus peuvent contribuer à la création de solutions innovantes et aider à combler le fossé numérique en Afrique.

Au cœur de ces efforts de chaque partie, la collaboration est un moteur puissant pour un changement transformateur en Afrique, permettant aux gouvernements,

[38] En intelligence artificielle, un "prompt" désigne une instruction ou une entrée de données qui est donnée à un modèle d'IA pour provoquer une réponse. Dans le contexte des modèles de langage comme ChatGPT, un prompt pourrait être une question ou une phrase que vous tapez, et la réponse de l'IA est la continuation générée à partir de ce prompt.

entreprises et individus de travailler ensemble vers des objectifs communs. Les synergies et l'impact collectif résultant de la collaboration permettent d'aborder les défis complexes de manière plus efficace et efficiente et d'embrasser la prospérité symbiotique.

En travaillant ensemble, les parties prenantes peuvent étendre leur impact, amplifier les résultats et renforcer leur résilience face à l'incertitude et au changement. La collaboration renforce également la responsabilité et la transparence, tout en promouvant l'inclusivité et l'équité en impliquant activement diverses voix et perspectives.

Enfin, la symbiose des actions et objectifs aide à construire une vision partagée, créant une base solide pour l'action et l'engagement collectifs en faveur d'un avenir meilleur, plus prospère et plus équitable pour l'Afrique.

En guise de conclusion, piloter la transformation pour un futur radieux en Afrique est une entreprise colossale mais à portée de main, qui requiert les efforts synchronisés et la collaboration des gouvernements, des entreprises et des individus. En fusionnant nos forces, nous avons la capacité de capitaliser sur nos atouts, ressources et savoir-faire collectifs afin de surmonter les multiples défis auxquels notre continent fait face et de libérer l'extraordinaire potentiel de l'Afrique en matière d'innovation, d'éducation et de croissance économique.

En progressant, nous devons embrasser une vision unifiée et un objectif commun pour garantir l'alignement et la coordination de nos efforts. Notre collaboration doit s'appuyer sur des valeurs telles que l'inclusivité, l'équité, la responsabilité et la transparence, s'assurant que nos actions bénéficient non seulement à une minorité privilégiée, mais à l'ensemble des populations africaines. Nous devons apprendre les uns des autres, partager notre savoir et cultiver un environnement propice à la créativité, à la résilience et à l'adaptabilité face à un monde en perpétuelle mutation.

Il est essentiel de reconnaître non seulement nos rôles et responsabilités individuels, mais également d'apprécier la puissance de travailler de concert. Nos efforts conjugués peuvent engendrer un effet domino, amplifiant notre impact et catalysant de nouvelles avancées. Cet esprit collaboratif nous permettra de relever plus efficacement les défis complexes, d'élargir nos succès et d'inspirer les autres à se rallier à notre quête d'un futur meilleur, plus prospère et plus équitable.

CONCLUSION

Alors que nous tournons la dernière page de ce livre, il est essentiel de réfléchir aux thèmes, aux idées et aux concepts que nous avons explorés tout au long de ses pages. Je me souviens des moments passés à naviguer dans les méandres de la relation homme-machine, m'arrêtant pour contempler la façon dont les smartphones, les objets connectés, les véhicules autonomes et les outils collaboratifs et décisionnels ont façonné notre existence. J'ai partagé avec vous mon émerveillement face au phénomène ChatGPT et aux LLMs, nous avons ensemble découvert leurs spécificités, l'API GPT et la notion d'intelligence augmentée.

Au fil des pages, nous avons pénétré dans le domaine des réflexions philosophiques, sondant les profondeurs de l'impact de la symbiose homme-machine sur l'identité et la conscience humaines, et questionnant les notions d'éthique et de responsabilité. Ensemble, nous avons exploré les thèmes du libre arbitre, du déterminisme, de l'emploi, du travail et de la singularité technologique.

Nous avons traversé l'Afrique, bravant les défis et les opportunités, et cherchant à comprendre l'importance de la prospérité symbiotique et de la croissance interconnectée dans le paysage numérique africain. Nous avons mis en lumière les enjeux de l'innovation numérique en Afrique et discuté des moyens de favoriser cette croissance.

Enfin, nous avons pris le temps de réfléchir à la réinvention de l'éducation et des opportunités en Afrique, soulignant la nécessité de repenser le système éducatif africain, de développer de nouvelles compétences et des opportunités d'emploi pour l'avenir, et d'impliquer les gouvernements, les entreprises et les individus dans la conduite du changement.

Maintenant, alors que nous nous apprêtons à écrire notre propre histoire, souvenons-nous des principes de SYMBIOSE qui nous ont guidés tout au long de ce voyage. Qu'il s'agisse d'un entrepreneur, d'un décideur, d'un éducateur, d'un étudiant ou simplement d'un Africain passionné de progrès, unissons-nous et travaillons ensemble pour façonner le destin de notre continent bien-aimé. Prenons notre destin en main, guidés par cet esprit, et ensemble, construisons une Afrique meilleure pour nous-mêmes et les générations futures. Le temps d'agir est maintenant.

Lorsque nous naviguerons dans la symbiose avec les machines et qu'il faudra prouver que nous sommes véritablement humains et non des imitations robotiques, je m'engage à montrer à chaque lecteur que je rencontrerai et avec qui je discuterai que c'est bien moi, en partageant ce mot de passe faible, certes mais chargé de souvenirs - sans espaces, tout en minuscules, **"g l a c e s"**.

Structures éditoriales du groupe L'Harmattan

L'Harmattan Italie
Via degli Artisti, 15
10124 Torino
harmattan.italia@gmail.com

L'Harmattan Hongrie
Kossuth l. u. 14-16.
1053 Budapest
harmattan@harmattan.hu

L'Harmattan Sénégal
10 VDN en face Mermoz
BP 45034 Dakar-Fann
senharmattan@gmail.com

L'Harmattan Cameroun
TSINGA/FECAFOOT
BP 11486 Yaoundé
inkoukam@gmail.com

L'Harmattan Burkina Faso
Achille Somé – tengnule@hotmail.fr

L'Harmattan Guinée
Almamya, rue KA 028 OKB Agency
BP 3470 Conakry
harmattanguinee@yahoo.fr

L'Harmattan RDC
185, avenue Nyangwe
Commune de Lingwala – Kinshasa
matangilamusadila@yahoo.fr

L'Harmattan Congo
67, boulevard Denis-Sassou-N'Guesso
BP 2874 Brazzaville
harmattan.congo@yahoo.fr

L'Harmattan Mali
ACI 2000 - Immeuble Mgr Jean Marie Cisse
Bureau 10
BP 145 Bamako-Mali
mali@harmattan.fr

L'Harmattan Togo
Djidjole – Lomé
Maison Amela
face EPP BATOME
ddamela@aol.com

L'Harmattan Côte d'Ivoire
Résidence Karl – Cité des Arts
Abidjan-Cocody
03 BP 1588 Abidjan
espace_harmattan.ci@hotmail.fr

Nos librairies en France

Librairie internationale
16, rue des Écoles
75005 Paris
librairie.internationale@harmattan.fr
01 40 46 79 11
www.librairieharmattan.com

Librairie des savoirs
21, rue des Écoles
75005 Paris
librairie.sh@harmattan.fr
01 46 34 13 71
www.librairieharmattansh.com

Librairie Le Lucernaire
53, rue Notre-Dame-des-Champs
75006 Paris
librairie@lucernaire.fr
01 42 22 67 13

www.ingramcontent.com/pod-product-compliance
Lightning Source LLC
LaVergne TN
LVHW010934061026
849535LV00007B/2398
* 9 7 8 2 3 3 6 4 0 8 6 1 3 *